HOME
BREW
BEER

修订版

HOME BREW BEER

自酿啤酒
入门指南

［英］格雷格·休斯
(Greg Hughes) 著

马长伟 郎新旭 游蕴竹 译

中国轻工业出版社

目　录

序

　　毫无疑问，能够亲手酿造啤酒并享受自己的劳动成果，是让人最有成就感的消遣方式之一。

　　我现在之所以把酿造啤酒作为我的职业，正是出于当初对自酿啤酒的浓厚兴趣。在我还是个孩子的时候，我就对与啤酒及与酿造有关的一切事物着迷。也许是受到我祖父的影响，尽管我跟他从未谋面，但却听说过他的故事，他曾做过当地一家啤酒厂的首席酿酒师。后来，我在与家人驾车旅行中，会对沿途经过的每一家酒馆做标记，并记下每家酒馆指示牌上的啤酒厂的名字。再后来，当我开始酿造属于自己的啤酒时，我努力争取再现以前那些啤酒厂生产的啤酒，并让我的配方尽可能接近原始配方。每一次酿酒，我都能学到新的技术并做出细微的调整。当然，我也会犯错（当初如果有这本书，我很可能就不犯那些错了），但是即使犯错，也会带来一些意想不到的惊喜。比如，我酿的第一款金色爱尔就是在我酿造深色爱尔时忘了加水晶麦芽的意外收获。

　　从我酿造自己的第一桶啤酒，至今已经33年了，可是直到今天，我对酿酒依旧充满激情。这是因为，当你准备酿造自己的啤酒时，不管是使用麦芽浸出物，还是使用更复杂的方法，你都能体验到同样的兴奋感，尤其是在经过发酵和后贮的耐心等待之后，马上要"一睹真容"的时候。这时候，你才总算能品尝到自己的佳酿了。

　　在家里酿造自己的啤酒相当简单，而且很有成就感。只要能拥有一套卫生清洁的操作方法，加上能精细控制温度的硬件条件，使用的是最新鲜的原料，那就能保证你酿出的产品即使不比专业酿酒师更好，起码也毫不逊色。你甚至会决定再现那些数十年未曾商业化生产而被遗弃的啤酒类型。可以肯定的是，在拥有如此多可供选择的啤酒花品种、麦芽风格和酵母菌株的今天，试验开发不同风味的啤酒将具有无穷无尽的可能性。

　　酿造独特而奇妙的啤酒给我带来了简简单单的快乐，却一直是我前行的不竭动力。所以，不论你酿造啤酒是为了自己享用，还是为了获得他人的赞誉，我都希望这本书能帮助你像我一样，从酿酒中获得无穷快乐。

永无止境

基思·博特（Keith Bott）
泰坦蒂克（Titantic）啤酒公司总经理
独立啤酒商协会前主席

格雷格的寄语

　　如果你喜欢喝啤酒，那么在家自酿啤酒应该是完美的爱好。你不但可以从酿造属于自己的美味啤酒中获得满足感，而且可以创造出你自己钟爱的任何一种啤酒类型，包括某些还没有实现商业化的产品类型。

有趣、省钱又容易上手

　　自酿啤酒其实相当容易，而且花费不到你平时买啤酒的钱就可以实现。当然，你有机会把省下来的钱用于再投资，比如买一套新的酿酒装备，即使这样，你仍然可以实现收支平衡。对于这样一种充满快乐和成就感的爱好，确实算是相当不错的回报了。除了经济上可行之外，自酿啤酒还是一种非常特别的兴趣爱好，因为总会有许多美味的劳动成果可供你与身边人一起分享。事实上，你酿出的啤酒很可能比你自己喝的多很多，所以酿得越多，快乐越多！

最基础的自酿

　　用一套自酿盒来酿造啤酒其实比准备一顿饭难不了多少，但结果却让人真的印象深刻。用最简单的方法，你就可以发酵出一罐令人惊奇的好啤酒。尽管许多自酿啤酒爱好者满足于使用这种方法（指用自酿盒酿酒），但是，如果你阅读这本书，你就很可能找到更多相关的东西。你会很高兴地了解到，只要再多付出一点努力，那么你酿出专业的定制啤酒将具有无限的可能。

采用麦芽浸出物酿酒

　　自酿啤酒的更高阶做法是采用麦芽浸出物来酿造啤酒。这仍然是相对简单的过程，需要很少的装备，但在这个过程中，允许你尝试使用多种不同的原料，你的自信心也会不断增强。按照某一种配方，如果你使用不同的原料酿造，当你发现最终产品中增加了那么多不同结果时，你会获得一种满足感。比如，使用新鲜酒花酿酒，可以让最终产品的品质与众不同。

精益求精

　　尽管迟早有一天，你会想要尝试全麦芽（或称全谷物）酿造——自酿啤酒界的"圣杯"，但是，全麦芽酿造是需要投入更多时间去钻研和实践的艺术，你应该把它视作永远的不懈追求。随着不断锤炼和打磨酿造技术，你酿出的产品质量一定会持续提高。更为重要的是，你将能够获得稳定的好品质，酿造出与你预期完全一致的啤酒风格。许多专业精

酿师的职业生涯都始于对自酿啤酒的爱好，他们用小型自酿装备磨炼技术，然后不断扩大规模。这就是说，现在世界上一些最好的啤酒厂，如果追根溯源的话，起初只是自酿作坊。

探索未知

你也许听过不少关于自酿啤酒的糟糕故事，像什么啤酒瓶爆炸，喝坏了肚子，或者因为过往的失败经历而迟迟不能下手，等等。啤酒瓶的确有可能爆炸，但是如果你严格遵循操作说明的话，则不大可能发生；同样，啤酒也不太可能让人生病，因为酒精会杀死绝大部分的细菌。今天，自酿啤酒所需原料的品质较从前大为改观，也更容易获得，同时人们可以从本地自酿俱乐部和其他组织获得相当多的线下和线上资料、建议和支持，许多志趣相同的酿酒师们愿意分享他们的酿酒小窍门和建议。此外，还有很多组织有序的自酿啤酒竞赛，这让那些执着的自酿爱好者能够获得对他们所酿啤酒的有价值的反馈意见，以帮助他们不断改进酿酒技术。

致读者

在这本书里，我尽可能面面俱到，因此在细节上难免会有疏漏。比如，有的书整本书只写酵母，或者只介绍某一种类型啤酒的酿造技术，但是我认为，在专攻某一个领域之前，最好先掌握最基本的技术和方法。

本书中的配方涵盖了目前主流啤酒的每一种类型，所以你能够找到完全适合你的拉格啤酒、爱尔啤酒、小麦啤酒或者"混合类型"。有些配方比其他配方更难酿造，你不妨将其视为一种挑战。正如制作工艺品一样，你越细心，付出越多，获得的结果就会越好。所以如果不是次次都做得很好，你也无须担心：因为你的佳酿依然十分可口。

我希望读者能够享受制作啤酒的过程，也相信你会发现书中的配方引你心动并给你带来灵感。自酿啤酒是我们身边最棒的业余爱好之一，我坚信你会乐在其中，而且多年以后仍不忘初心。

格雷格·休斯

绪论

酿酒简史

啤酒生产的历史久远而令人着迷，可以回溯到数千年前的古代美索不达米亚平原。现如今，家庭酿造啤酒正在全球成为流行趋势。

公元前7000年

在美索不达米亚平原（今伊拉克地区），以狩猎和采集为生的人类先祖，种植并收获一种古老的谷物，这种谷物被认为用来制作早期的啤酒。从中国贾湖遗址出土的新石器时期的陶罐碎片上，也追踪到了酒精饮料的成分。

公元822年

法国北部科尔比地区本笃会修道院的阿博特·亚达尔海德（Abbot Adalhard）编写了一整套关于修道院运行和管理的条例，其中提到要收集足够的酒花制作啤酒——这是最早记载酒花与啤酒有联系的文献资料。

11—12世纪

德国北部开始商业酒花的种植，随后有了添加酒花的啤酒的出口。

1516年

德国巴伐利亚地区制定"啤酒纯酿法"，明确指出只有大麦、酒花和纯水才允许作为酿酒的原料。这条法令直到1906年才被推广到德国其他地区。

1710年

英格兰国会为了确保酒花税的征收，禁止人们使用其他苦味剂代替酒花。由此导致在西方国家，酒花成为占主导地位的啤酒苦味剂。

公元前7000年	公元前4300年	822年	1040年	11—12世纪	1412年	1516年	1587年	1710年

公元前4300年

该时期的巴比伦泥板上记载了用谷物制作酒精饮料的详细配方。

1040年

第一家商业酿酒厂在德国巴伐利亚地区的威亨斯特芬（Weihenstephan）修道院建成，使得酿酒成为修士们的商业经营活动。

在整个中世纪时期的欧洲，啤酒成为最受人们欢迎的饮料。当时，大部分的水源都受到污染，而啤酒因为在发酵之前需要经过煮沸，所以成为人们补充水分的安全来源。此外，啤酒所含的热量也使其成为人们重要的营养来源。

1412年

这时有了关于英国酿造出含酒花啤酒的最早记录。

1587年

北美弗吉尼亚州的殖民者酿造出第一批啤酒（不过这些啤酒大多被运回了英国）。

添加酒花的英式爱尔啤酒

新鲜的酒花球果

1810年

在德国慕尼黑，为庆祝王储路德维希（Ludwig）大婚，举行了盛大的节日庆典，此后便有了著名的"十月啤酒节"。

20世纪50年代

在英国，暑假期间有很多家庭（超过1万人）离开伦敦，去肯特地区的酒花田采摘酒花，提供给当地的啤酒厂酿酒。

1979年

美国于1933年废除禁酒令之后，自酿啤酒最终合法化，这要感谢克兰斯顿·比尔（Cranston Bill）。

1857年

法国化学家路易·巴斯德（Louis Pasteur）发现酒精发酵是由酵母引起的。这一发现使得啤酒酿造者能够对发酵进行控制，从而提高啤酒品质。

1971年

英国记者米歇尔·哈德曼（Michael Hardman）等人讨论为饮酒者建立一个消费者组织，该组织就是"真正爱尔运动（Campaign of Real Ale）"的前身。

| 1810年 | 1842年 | 1857年 | 1919年 | 20世纪50年代 | 1963年 | 1971年 | 1979年 | 20世纪90年代至今 |

1919年

美国宪法第十八次修正案标志着禁酒令的开始，宣布销售、生产和运输酒类（包括自酿啤酒）是违法行为。

1963年

英国政治人物雷吉·莫德林（Reggie Maudling）提高了自酿啤酒的税率，同时取消了需要申请许可证才能生产啤酒的规定，由此带来自酿啤酒在20世纪70年代的繁荣和广受欢迎的局面。

20世纪90年代至今

自酿啤酒的圈子开始扩张，市场上出现了全套相关工具和原料。现在，自酿啤酒又重新流行起来。2012年，英国生产商Muntons销售了50多万套自酿工具，是2007年的2倍。

比尔森酒杯

1842年

在波希米亚的比尔森，第一杯金黄色拉格诞生了，从此比尔森成为全球最流行的啤酒风格。

精酿革命

虽然全球啤酒市场可能仍然由超大啤酒商所控制，但是，在过去近10年里，生产精酿啤酒的手工啤酒商数量有了快速增加。

2018年，欧洲有9500家活跃的啤酒商，比2008年增加6000家。

加拿大仅渥太华省，就有250家精酿啤酒商，2013年时只有70家。

在英国，平均每百万人拥有25家精酿啤酒商，这一比例高于世界上其他所有国家。

2017年，墨西哥售出了1660万升精酿啤酒。

2016年，德国消费了87亿升啤酒。

110万美国人自己酿造啤酒。

2017年，美国开业的精酿啤酒商达4750家。

美国仅宾夕法尼亚一个州，每年精酿啤酒产量就达370万升。

2014—2017年，巴西注册啤酒商的数量增长了91%。

2017年，全球精酿啤酒商的数量占全部啤酒商的94%。

2018年，中国啤酒市场价值达280亿美元。

2018年，中国精酿啤酒消费占所有啤酒消费的5%，这一比例在2016年时只有0.3%。

日本2018年开业的精酿啤酒商有300家。

在澳大利亚，2011—2018年，精酿啤酒工业增长了200%。

什么是精酿啤酒？

精酿啤酒是规模小且独立的啤酒商使用上好的原料和传统的方法生产出来的啤酒。在美国，如果啤酒商想在自己的产品上标注"精酿啤酒"，那么每年的产量不得多于600万桶（或者占美国啤酒市场的份额不得高于3%），同时酿酒商必须拥有75%以上的所有权。与工业化啤酒生产者相比，精酿啤酒酿造者更专注于酿酒细节，生产的产品被认为品质更高。同时，精酿啤酒生产商没有市场领导者所拥有的高额市场预算，他们能更自由地生产小批量、天然碳酸化且不含化学添加剂的啤酒。这些是大规模啤酒生产商做不到的，因为这样做很难获利。

酿造工艺

啤酒酿造的过程是先将淀粉（通常是一种发芽的谷物）浸泡在一定温度的热水中，然后分时段添加酒花以获取苦味、风味和香气，最后在得到的麦汁中添加酵母进行发酵。

1. 准备

与啤酒接触的所有装备必须进行彻底清洗和杀菌（参见44~45页），因为任何杂菌的存在都会破坏酿造过程。建议使用瓶刷和杀菌剂进行清洗。

2. 糖化

糖化（参见57页）是将发芽谷物中的淀粉转化为可发酵糖的过程。发芽谷物浸泡在热水（但不能是沸水）中，可以产生一种甜味液体，过滤后称作麦汁。

6. 发酵

冷却好的麦汁被转移到发酵桶中并接种酵母（参见60~61页），然后合上发酵桶盖并装上气塞。麦汁在特定温度下发酵1周左右。在此期间，麦汁中的糖会转化成酒精。

酿酒酵母 + 麦芽糖 =

CO_2（二氧化碳）

C_2H_5OH（酒精）

7. 添加二发糖和倒罐

发酵结束后，加入二发糖使啤酒成熟和碳酸化。然后将啤酒倒罐（或转移）到贮存容器中，比如啤酒桶或啤酒瓶，等待后熟。

3. 洗糟 ▶

洗糟（参见58页）是指在谷物表面喷洒热水，将可发酵糖冲洗下来。然后将糖化桶中的麦糟沥干，得到的甜麦汁转入煮沸锅。

4. 煮沸

将麦汁大火煮沸（参见59页）1小时或更长时间，煮沸过程中间隔不同时间添加酒花。煮沸对麦汁起到杀菌作用，同时赋予麦汁酒花的苦味、风味和香气。

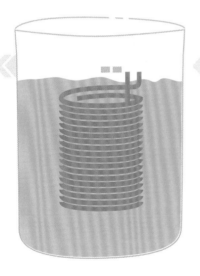

5. 冷却

煮沸结束后，麦汁需要快速冷却（参见59页）到适合酵母发酵的温度（大约20℃）。如果麦汁温度过高，加入的酵母会被杀死。而快速冷却能够减少细菌污染的机会，防止啤酒出现异味。

8. 后熟 ▶

根据啤酒类型和特定配方的不同，啤酒需要在指定温度条件下存放至少2周，这个过程有利于啤酒澄清，并使啤酒风味成熟。

9. 品饮 ▶

经过后熟，啤酒就可以品饮了。添加的二发糖是为了增加啤酒的起泡性和二氧化碳的杀口力。如果气泡不足，可以将啤酒转到温度更高的地方贮存几天后再重新试一下。如果气泡太足，可以试试在倒酒前先冷却一下。

原辅料

麦芽

麦芽是谷物经发芽制得，这个过程称为制麦。制麦激活了谷物中的酶，这些酶能将谷物中的淀粉转化为可发酵糖。

大麦是啤酒制麦最常用的谷物。因为它的天然酶含量较高，所以具有产生更多可发酵糖的潜力。此外，小麦麦芽和黑麦麦芽也在啤酒酿造中得到广泛应用。

根据麦穗上谷粒排列方式不同，大麦分为三种：二棱大麦、四棱大麦和六棱大麦。其中，二棱大麦是酿酒中使用最多的品种，因为它的蛋白质含量低，同时能产生更多的可发酵糖。

制麦过程

麦芽是在制麦车间或者麦芽房一类的建筑里生产的。在这里，首先将谷物浸泡在水中，使其吸收水分并开始发芽。当根芽长到足够长时，将谷物置于暖风中进行干燥，以阻止根芽继续生长。最后，通过不断"翻滚"的方法去除根芽。

烘烤麦芽

大麦根芽去除以后，需要进行烘烤以获得不同种类的麦芽：烘烤温度越高，麦芽颜色越深，风味也越浓郁。轻度烘烤的麦芽具有更高的酶活力（糖化力），因而在糖化（参见57页）过程中，与热水混合时能够产生更多的可发酵糖。相反，如果是重度烘烤，则麦芽的糖化力低，只产生很少或者不产生可发酵糖。这些麦芽能够给啤酒带来颜色、风味和香气。

地板式发芽

传统的制麦方法是，将浸泡后的大麦平铺在麦芽房的地板上进行干燥。干燥过程中用大耙子手工翻动大麦，一方面防止长霉，另一方面保证干燥均匀。20世纪40年代，工业化生产技术的发展提高了制麦工艺的效率，为大批量麦芽的生产提供了保障。今天，尽管人们仍然认为用传统方法制备的麦芽品质最好，但是实际上现在已经很少见到，因为用这种方式生产麦芽对于商业化啤酒商来说成本过于昂贵。

麦芽粉碎

制麦工艺获得的是整粒麦芽，在糖化前必须粉碎（麦芽壳粉碎后使得麦芽中的酶能够与热水更充分接触，有利于这些酶将淀粉水解为可发酵糖）。大多自酿啤酒原料供应商会出售已粉碎的麦芽，以方便使用。但如果你愿意，也可以购买整粒麦芽，然后自己粉碎。这个过程可能有些烦琐，而且花时间，不过能保证你用的是最新鲜的麦芽。麦芽粉碎后，将其贮存在密封容器中，可以保存几个月。

整粒麦芽

色度卡

麦芽的色度和成品啤酒的色调，可以采用三种国际认可的标准表示：欧洲啤酒协会色度（EBC），这也是本书中的配方所使用的色度；标准参考方法（SRM）色度；罗维朋色度（°L，由约瑟夫·威廉·罗维朋于1883年制定的最原始的色度标尺）。SRM色度值与罗维朋色度值大致相当，EBC色度值等于SRM色度值乘以1.97。

颜色			
EBC色度值	4	6	8
SRM/罗维朋色度值	2	3	4
啤酒类型	淡色拉格	德式白啤酒	比利时白啤酒

基础麦芽

基础麦芽是指经过轻度烘烤的麦芽，是啤酒配方谷物清单中的主要原料，提供大多数的可发酵糖。

淡色基础麦芽

使用比尔森麦芽和拉格基础麦芽酿造极淡拉格和爱尔啤酒；使用其他淡色麦芽，如马丽斯·奥特（Maris Otter）麦芽和翡翠鸟（Halcyon）麦芽，酿造其他爱尔啤酒和深色啤酒。

深色烘烤基础麦芽

轻度烘烤的深色基础麦芽，如慕尼黑麦芽和维也纳麦芽，能够提供浓郁的麦芽风味，同时提供大部分的可发酵糖。

小麦麦芽

除了提供可发酵糖，小麦还提供蛋白质，一方面有利于丰富泡沫层的形成，另一方面给啤酒带来雾状浑浊。不过，使用小麦麦芽时，糖化过滤比较困难。

黑麦麦芽

与大麦麦芽和小麦麦芽相比，黑麦麦芽并不常见。使用黑麦麦芽能给啤酒带来辛辣刺激感。跟小麦麦芽一样，使用黑麦麦芽酿酒时，糖化会比较困难，所以只能少量使用。

淡色基础麦芽　　　　　　　　　　　小麦麦芽

特种麦芽

特种麦芽都经过特殊工艺烤制，糖化时仅少量使用，以增加风味、颜色和香气。与基础麦芽不同，这些麦芽提供的可发酵糖相当少。

焦糖麦芽

焦糖麦芽也称水晶麦芽。有一系列可供选择的焦糖麦芽，每种麦芽的加热温度都不同。这些麦芽能给啤酒带来蜂蜜、焦糖和太妃糖的风味。

琥珀麦芽

一种烤制麦芽，具有清淡、干爽的饼干风味。琥珀麦芽能使爱尔啤酒和波特啤酒的颜色呈深琥珀色。少量使用即可。

焙烤麦芽

深色焙烤麦芽只能提供少量或者几乎不提供可发酵糖，但是能提供复杂的颜色、风味和香气。

焦糖麦芽

琥珀麦芽

焙烤麦芽

12	16	20	26	33	39	47	57	69	79	138
6	8	10	13	17	20	24	29	35	40	70
比利时 金色爱尔	蜂蜜爱尔	淡色爱尔		淡味啤酒			黑色拉格		咖啡世涛	帝国世涛

辅料与糖

对于某些啤酒类型来说，酿造时需要使用其他谷物而不是发芽大麦（参见20~21页），另外还需要添加可发酵糖。这些谷物辅料和糖都会赋予啤酒特有的风味品质。

烘干小麦

未发芽的小麦经过轻微熟制，然后碾压成片状。酿造时少量添加能为啤酒增添特有的小麦风味，同时能增加啤酒的泡沫丰富程度。

斯佩尔特小麦麦芽

作为小麦的近亲，斯佩尔特小麦麦芽是发芽谷物，能给啤酒带来宜人的香气和风味。不过因为它的气味比较强烈，少量使用为宜。

大米片

作为美式和日式淡色拉格中常用且性价比高的辅料，大米片用于生产特别清爽、风味极淡的干啤。

烤大麦

一种颜色很深的未发芽谷物，颜色与黑麦芽相似（参见24页），不过苦涩味较淡。因带有咖啡味道，所以特别适合酿造世涛和波特啤酒。

燕麦片

因为不需要事先熟制，所以燕麦片比整粒燕麦或碎燕麦更易于使用，并能增添奶油般的丝滑感。主要用于酿造新英格兰IPA（印度淡色爱尔）、世涛和波特啤酒。

玉米片

作为最常用的酿酒辅料之一，玉米片用于酿造略带玉米味道的清淡啤酒，回味中性。

麦芽浸出物

麦芽浸出物是指来自发芽大麦（参见20~21页）的可发酵糖的浓缩物。复水后，能够与酒花一同煮沸，生成可发酵麦汁，或者像糖一样用来提高麦汁的初始浓度，还可用作二发糖（参见64页）。

麦芽浸出物如果在空气或水汽中长时间暴露，容易发生氧化，所以使用很新鲜的麦芽浸出物就变得至关重要。容器开封后，一定要密封贮存在冰箱中，同时保持干燥，以延缓其变质的速度。

固态麦芽浸出物（DME）

呈细粉末状，所以又称麦芽粉。是通过先将甜麦汁加热，然后在高大的加热装置内进行喷雾，液滴失水干燥并快速冷却，发生固态化，落在塔底后收集而得的产品。使用DME时，先用少量冷水进行复水，然后与酒花一起煮沸，即可获得可发酵麦汁。

液态麦芽浸出物（LME）

这种糖浆状物质是通过加热甜麦汁，蒸发掉麦汁中的部分水分（不能是全部）而制得的产品。加热会使麦汁颜色轻微变深，酿造过程中煮沸时会更进一步变深。如果要在配方中用LME替代DME，那么1kg DME需要用1.2kg LME替代。

固态麦芽浸出物

液态麦芽浸出物

凯蒂糖

常用于比利时啤酒中，可在不增加酒体的情况下，提高酒精含量。凯蒂糖有深色或浅色不同类型，为啤酒增加不同程度的风味。

蜂蜜

蜂蜜中的大多数糖是可发酵糖，可以产生干爽而明显的蜂蜜特征性风味。因为蜂蜜中含有野生细菌，所以应在煮沸快结束时添加，以进行杀菌。

糖蜜

糖蜜又称糖饴。这种深色液态糖能增添复杂的、类似朗姆酒的风味。少量使用就能使烈性爱尔啤酒更加浓烈。

麦芽、辅料与糖一览表

名称	类型	性能	色度(EBC)	能否糖化	最大用量
酸麦芽	发芽谷物	可降低拉格啤酒糖化时的pH，少量使用即可	3	✓	10%
琥珀麦芽浸出物（固态和液态）	麦芽浸出物	用于麦芽浸出物酿酒配方，以加深色泽	30	✗	100%
琥珀麦芽	发芽谷物	赋予啤酒深琥珀色和饼干风味	65	✓	10%
芳香麦芽	发芽谷物	增加浓郁的麦芽风味，与深色慕尼黑麦芽相似	150	✓	10%
大麦壳	辅料	增加糖化时体积，有利于麦汁过滤，不会产生可发酵糖	不适用	✗	10%
饼干麦芽	发芽谷物	增加饼干特征风味和色泽	50	✗	10%
黑麦芽	发芽谷物	给深色啤酒增加风味和色泽，给淡色啤酒增加色泽	1280	✗	10%
波西米亚比尔森麦芽	发芽谷物	颜色很浅的麦芽，需进行多次休止糖化法（参见57页）	2	✓	100%
酿造用糖（葡萄糖）	糖	快速发酵糖，可增加干爽口感、帮助发酵以及降低烈性啤酒如双倍IPA（印度淡色爱尔）的酒体	2	✗	20%
棕色麦芽	发芽谷物	增加类似面包的强烈风味，颜色介于琥珀麦芽和巧克力麦芽之间	105	✓	10%
凯蒂糖（浅色和深色）	糖	提高可发酵度水平，加深色泽，提供独特风味	不适用	✗	20%
焦糖琥珀麦芽	发芽谷物	使酒体更饱满，使琥珀啤酒和深色啤酒呈深红色	70	✗	20%
焦糖浅色麦芽	发芽谷物	使某些德国啤酒的风味更加醇厚	25	✗	15%
焦糖慕尼黑麦芽	发芽谷物	提升金色到棕色啤酒的风味和香气	200	✗	15%
焦糖红色麦芽	发芽谷物	为多种类型的啤酒增加酒体和香气	50	✗	10%
焦糖黑麦麦芽	发芽谷物	带来黑麦特有风味和悦目的棕色	150	✗	15%
焦糖小麦麦芽	发芽谷物	使酒体更饱满，增添小麦香气，加深色泽	100	✗	15%
卡拉发特种麦芽	发芽谷物	给深色拉格啤酒增加色泽和香气，可作为黑麦芽和烤大麦的替代品	800~1500	✗	5%
焦糖比尔森麦芽	发芽谷物	颜色很浅的水晶麦芽，在不加深色泽的情况下，增加酒体和麦芽风味	5	✗	20%
巧克力麦芽	发芽谷物	给深色啤酒增加色泽和香气，也可用于淡色爱尔	800	✗	10%
玉米糖	糖	提高麦汁浓度，但不增加风味和香气	0	✗	5%
水晶麦芽	发芽谷物	有一系列色泽可供选择，增添微妙的焦糖色泽和风味	60~400	✗	20%
深色麦芽浸出物（固态和液态）	麦芽浸出物	用来增加麦汁浓度和色泽	40	✗	100%
特浅麦芽浸出物（固态）	麦芽浸出物	颜色最浅的麦芽浸出物，用于颜色很浅的啤酒酿造	5	✗	20%

名称	类型	性能	色度(EBC)	能否糖化	最大用量
大麦片	辅料	增加大麦风味，提升世涛和波特的泡沫性能	4	✓	20%
玉米片	辅料	提高可发酵糖水平，几乎不影响啤酒色泽或风味	2	✓	40%
燕麦片	辅料	在燕麦世涛和新英格兰IPA中少量使用	2	✓	10%
大米片	辅料	在不影响啤酒色泽和风味的情况下，增加酒体	2	✓	20%
蜂蜜	糖	增添干爽且带有明显蜂蜜风味的口感	2	✗	100%
乳糖	糖	从牛奶中制得的不可发酵糖，能增加啤酒的回甘和酒体，用于甜世涛和奶昔IPA酿造	2	✗	20%
拉格麦芽	发芽谷物	淡色基础麦芽，用于酿造色泽很浅的拉格啤酒	4	✓	100%
淡色麦芽浸出物（固态和液态）	麦芽浸出物	在大多采用麦芽浸出物进行酿酒的配方中用于增加麦汁浓度	10	✗	100%
低色度淡色麦芽	发芽谷物	颜色很淡的麦芽，用于酿造IPA	4	✓	100%
枫糖糖浆	糖	增加明显的枫糖特征风味	70	✗	10%
黑色素麦芽	发芽谷物	使啤酒风味厚实，增加色泽和麦芽风味	40	✓	15%
淡味爱尔麦芽	发芽谷物	用于酿造棕色爱尔和淡味啤酒，可赋予独特的风味	10	✓	100%
慕尼黑麦芽	发芽谷物	与维也纳麦芽相似，但烘烤感略重，可增加更多麦芽风味	20	✓	50%
淡色麦芽	发芽谷物	用作大多数爱尔啤酒的基础麦芽	5	✓	100%
泥煤烟熏麦芽	发芽谷物	一种重度烟熏的麦芽	3	✓	20%
比尔森麦芽	发芽谷物	与拉格麦芽相似，但通常用二棱大麦（参见22页）制成	3	✓	100%
烤大麦	辅料	增加坚果和烘烤风味，呈深红至深棕色	1000	✗	10%
烤小麦	辅料	为深色小麦啤酒增加深棕色	900	✓	10%
黑麦麦芽	发芽谷物	用于增加黑麦风味和辛辣的味道	10	✓	50%
烟熏麦芽	发芽谷物	通常用榉木熏制，给烟熏啤酒增加明显的烟熏风味	18	✓	100%
特种麦芽B	发芽谷物	增加深焦糖色泽和风味	250	✓	10%
斯佩尔特麦芽	发芽谷物	赋予啤酒斯佩尔特小麦特有的香气	5	✓	20%
烘干小麦	辅料	用于小麦啤酒，丰富爱尔啤酒的泡沫和风味	4	✓	40%
维克多麦芽	发芽谷物	给啤酒增添橘红色和坚果风味	50	✓	15%
维也纳麦芽	发芽谷物	用于淡色琥珀啤酒，增加色泽和风味	8	✓	50%
小麦麦芽浸出物（固态和液态）	麦芽浸出物	用于麦芽浸出物酿造的小麦啤酒，在其他类型啤酒中，帮助丰富泡沫	16	✗	100%

酒花

酒花是雌性酒花植株的松果状花蕾，而酒花植株是与大麻同属一科的爬藤植物。酒花采摘后，经过干燥处理，添加到啤酒中以获取苦味、风味和香气，同时兼具杀菌功效。

酒花原产于北美洲、欧洲和亚洲，最早于11世纪开始应用于啤酒酿造中。酒花取代了原先使用的苦味草本植物，如：蒲公英、金盏花和石楠花等，是因为用酒花酿造的啤酒，好像更不容易变质。

今天，基于获得更高产量且更抗病的植物育种计划，全世界种植的酒花品种已经超过100种，主产区包括：美国、新西兰、英国、德国、捷克、中国、波兰以及澳大利亚等。

种植与收获

酒花植株适宜垂直生长，所以种植过程中需要搭架拉绳，支持其生长，植株可达6m高。酒花收获时，要将拉绳降下来，便于将藤蔓最高处的酒花花蕾摘取下来。一些矮小品种也有种植，但是需要种植更大面积，才能获得差不多的收成。

收获啤酒花的传统方法是人工采摘。因为在收获季需要大量人工，所以酒花采摘已经成为一种大型社交活动。比如，在英格兰，每到酒花收获季节，为了采摘酒花，全家人一齐出动，乘坐专门的火车或巴士从乡镇和城里四面八方赶赴酒花种植区，在长达数天的时间里，住在临时搭建的帐篷里。今天，尽管酒花的采摘和干燥都是由机器来完成，但是每到酒花收获季节，仍然令人兴奋，因为这时许多酿酒商会用未经干燥的"鲜酒花"酿酒，以庆祝一年的新收成。

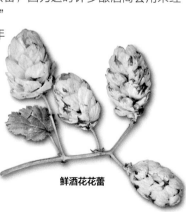

鲜酒花花蕾

酒花植株的藤蔓被拉绳支撑和牵引着垂直生长，在酒花收获季节，这些拉绳可以降下来。

苦花与香花

通过在煮沸（参见59页）阶段的不同时间分次添加酒花，可以给最终啤酒赋予不同的特性。在煮沸刚开始时添加酒花主要带来苦味，这种苦味起到平衡酒精味道的作用，并让啤酒更加顺滑。稍后添加的酒花，特别是在煮沸过程的最后30min添加酒花，能为啤酒带来风味和香气。而且，根据想要获得的啤酒特性，可以分多次添加。

另外一种从酒花中获取香气和风味的方法称为"热浸法"（first-wort hopping，直译应为"头道麦汁添加酒花"）的传统方法，在煮沸前，将酒花投入到糖化（参见57页）所得的麦汁中。通过热浸酒花，使其氧化，让 β 酸溶到麦汁中而不是流失掉。在一些啤酒盲评试验中，用这种方法酿出的啤酒，苦味顺滑、香气柔和，所以值得尝试一下。

过去，酒花被分成苦花和香花。不过今天，越来越多的酒花品种能够同时带来苦味和香气，被称为"苦香兼用型"酒花。

酒花中的 α 酸和 β 酸

酒花树脂含有 α 酸和 β 酸，在啤酒酿造过程中起关键作用。

α 酸能带来苦味，并具有抗菌性质。酒花中 α 酸含量高低用百分比来表示，数值越高，代表从中萃取的苦味酸数量越多。α 酸不溶于冷水，所以需要煮沸。而且煮沸时间越长，溶出的 α 酸越多，最终的啤酒也越苦。

β 酸能为啤酒带来香气，不需要煮沸。因为含有极易挥发的精油，会随煮沸时的蒸汽流失，所以最好在煮沸结束前最后几分钟添加或者在煮沸刚结束时添加。这些微妙易损的酸也可以在发酵过程中添加，我们称为"干投酒花"。

保持酒花新鲜

酒花见光会和空气发生化学反应，并快速变质。正因为此，酒花通常置于避光的真空包装袋中。未开封的啤酒花能保存2年之久，但一经拆封，与空气接触后，酒花即迅速变质，其中的精油会很快流失。酒花常常是100g一包，很多啤酒类型需要同时使用若干种不同的酒花，这样，酿酒结束后会剩下很多用了一半的酒花。为了保持其新鲜，只需要将包装密封后放入冷柜，下次需要的时候，直接使用冷冻酒花即可，无须解冻。

在煮沸的不同阶段添加干酒花，这取决于想要获得苦味、风味还是香气。

酿酒用酒花

新鲜酒花在用于酿造之前必须先进行烘干。这样做有利于保存并锁住其中的风味和香气物质。本书中所列配方用的是整叶干酒花，拥有最天然的风味，但是如果暴露在空气中会快速变质。加工好的酒花颗粒是最受欢迎的替代品，而且保质期更长。

整叶干酒花　　　　　　　　酒花颗粒

酒花一览表

酒花名称（英）	酒花名称（中）	原产地	α 酸范围	特性	风味强度（1最低，10最高）
Admiral	海军上将	英国	14%~16%	树脂味，柑橘味，橙子味	9
Ahtanum	阿塔纳姆	美国	5%~8%	花香，柑橘味，柠檬味	7
Amarillo	亚麻黄	美国	7%~11%	花香，柑橘味，橙子味	9
Apollo	阿波罗	美国	15%~19%	树脂味，强烈药草味	8
Atlas	阿特拉斯	斯洛文尼亚	5%~9%	酸橙味，花香，松木香	6
Aurora	欧若拉	斯洛文尼亚	5%~9%	酸橙味，花香，松木香	6
Azzaca	阿扎卡	美国	11%~14%	橙子味，木瓜味，柠檬味	8
Bobek (Styrian Golding)	博贝克（斯蒂里亚戈尔丁）	斯洛文尼亚	2%~5%	松木香，柠檬味，花香	8
Bramling Cross	布拉姆灵杂交	英国	5%~8%	辛辣味，黑加仑味	8
Brewer's Gold	金酿	德国	5%~9%	辛辣味，黑加仑味，柠檬味	8
Cascade	卡斯卡特	美国/英国/新西兰	5%~9%	荔枝味，花香，西柚味	8
Celia (Styrian Golding)	西莉亚（斯蒂里亚戈尔丁）	斯洛文尼亚	2%~5%	柠檬味，松木香，花香	8
Centennial	世纪	美国	7%~12%	柠檬味，药草味，树脂味	9
Challenger	挑战者	英国	5%~9%	辛辣味，杉木味，绿茶味	7
Chinook	奇努克	美国	11%~15%	西柚味，柑橘味，松木香	9
Citra	西楚	美国	11%~14%	芒果味，热带水果味，酸橙味	9
Cluster	克拉斯特	美国	6%~9%	黑莓味，辛辣味	6
Columbus	哥伦布	美国	14%~20%	果子露味，黑胡椒味，甘草味	9
Crystal	水晶	美国	3%~6%	血橙味，柑橘味	6
Delta	德尔塔	美国	4%~7%	菠萝味，梨味	5
East Kent Golding	东肯特戈尔丁	英国	5%~8%	辛辣味，蜂蜜味，泥土味	6
Ekuanot	埃库阿诺	美国	13%~15%	柑橘味，热带水果味，药草味	8
First Gold	第一桶金	英国	6%~9%	橙子味，果酱味，辛辣味	6
Fuggle	富格尔	英国	4%~7%	青草味，薄荷味，泥土味	6
Galaxy	银河	澳大利亚	13%~15%	百香果味，水蜜桃味	8
Galena	加雷纳	美国	10%~14%	黑加仑味，辛辣味，西柚味	6
Golding	戈尔丁	英国	4%~8%	辛辣味，蜂蜜味，泥土味	6
Green Bullet	绿色子弹	新西兰	10%~13%	松木香，葡萄干味，黑胡椒味	7
Hersbrucker	赫斯布鲁克	德国	2%~4%	花香，药草味	6
Liberty	自由	美国	3%~5%	辛辣味，柠檬味，柑橘味	6
Manderina Bavaria	曼德利娜 巴伐利亚	德国	7%~10%	水果味，柑橘味	6
Mittlefrüh	中早熟	德国	3%~6%	药草味，花香，青草味	6

酒花名称（英）	酒花名称（中）	原产地	α酸范围	特性	风味强度（1最低，10最高）
Mosaic	马赛克	美国	10%~14%	芒果味，柑橘味，松木香	8
Motueka	莫图伊卡	新西兰	5%~8%	柠檬味，酸橙味，花香	8
Mount Hood	胡德峰	美国	4%~7%	药草味，西柚味	6
Nelson Sauvin	尼尔森·苏维	新西兰	10%~13%	醋栗味，西柚味	9
Newport	纽波特	美国	13%~17%	杉木味，水果味，药草味	7
Northdown	北唐	英国	6%~9%	辛辣味，杉木味，松木味	7
Northern Brewer	北酿	德国	5%~9%	辛辣味，树脂味，药草味	6
Nugget	纳盖特	美国	10%~14%	辛辣味，梨味，桃子味	6
Pacific Gem	太平洋珍宝	新西兰	13%~18%	黑莓味，橡木味，松木香	7
Pacific Jade	太平洋翡翠	新西兰	12%~14%	药草味，柠檬皮味，黑胡椒味	8
Pacifica	太平洋	新西兰	4%~8%	药草味，橙子味，柑橘味	6
Palisade	帕利塞德	美国	6%~10%	柑橘味，黑加仑味，西柚味	7
Perle	珍珠	德国	6%~9%	辛辣味，杉木味，橙子味	7
Pilgrim	朝圣者	英国	9%~12%	辛辣味，杉木味，蜂蜜味	6
Pioneer	先锋	英国	9%~12%	杉木味，西柚味，药草味	8
Pride of Ringwood	灵伍德荣耀	澳大利亚	9%~12%	杉木味，橡木味，药草味	5
Progress	前进	英国	5%~8%	辛辣味，蜂蜜味，青草味	6
Riwaka	里瓦卡	新西兰	5%~8%	西柚味，酸橙味，热带水果味	8
Saaz	萨兹	捷克	2%~5%	泥土味，药草味，花香	5
Santiam	圣田	美国	4%~7%	药草味，桃子味，柠檬味	6
Savinski (Styrian Golding)	萨温斯基（斯蒂里亚戈尔丁）	斯洛文尼亚	2%~4%	柠檬味，酸橙味，泥土味	8
Simcoe	西姆科	美国	11%~15%	松木味，西柚味，百香果味	6
Sorachi Ace	空知王牌	美国	10%~14%	柠檬味，椰子味	7
Sovereign	君主	英国	4%~7%	青草味，花香，泥土味	6
Spalt Select	斯派尔特精选	德国	2%~5%	药草味，花香，泥土味	5
Summer	夏日	澳大利亚	4%~7%	杏味，香瓜味	6
Summit	顶点	美国	13%~15%	粉色西柚味，橙子味	9
Target	塔盖特	英国	9%~12%	松木香，杉木味，甘草味	9
Tettnang	泰特南	德国	4%~7%	泥土味，药草味，花香	5
Vic Secret	维克秘密	澳大利亚	14%~17%	菠萝味，药草味	7
Wai-ti	韦特	新西兰	2%~4%	金橘味，柠檬味，酸橙皮味	6
Wakatu	瓦卡图	新西兰	7%~10%	香草味，花香，酸橙味	7
Warrior	勇士	美国	13%~15%	树脂味，药草味，松木香	6
WGV	WGV	英国	5%~8%	辛辣味，药草味，泥土味	7
Willamette	威拉麦特	美国	4%~7%	黑加仑味，辛辣味，花香	6

原辅料 酒花一览表

酵母

酵母是啤酒酿造原料之一，能将由麦芽、酒花和水制成的甜麦汁变成啤酒。酵母是一种单细胞生物，也是一类真菌。

人类使用酵母酿造啤酒虽然已有数千年的历史，但直到17世纪显微镜发明以后，人类才第一次注意到它的存在。在此之前，酿酒师只简单地把制得的麦汁敞口放着，让环境中存在的野生酵母孢子对麦汁进行发酵。1857年，法国化学家、微生物学家路易·巴斯德证明了酵母在发酵过程中的重要性，这一发现改变了啤酒酿造的方式。从此以后，酿酒师们能够更好地控制发酵过程。

酵母与啤酒酿造

据估计，世界上有超过1500种酵母，但是大多数啤酒仅使用其中2种，一种是*Saccharomyces pastorianus*（巴氏酵母，常用于酿制拉格啤酒），另一种是*Saccharomyces cerevisiae*（啤酒酵母，常用于酿制爱尔啤酒）。有些啤酒会用到第三种酵母，是

Brettanomyces（布雷特酵母）（参见本页方框中的文字）。当酵母进入麦汁后，会以甜麦汁中的糖和碳水化合物为食物，生成二氧化碳和酒精。酵母同时还会产出很多副产物，这些副产物会影响最终啤酒的风味和香气。最常见的副产物包括：酯类、杂醇和双乙酰。

■ 酯类化合物贡献重要的风味特征，特别是复合水果香气特征。这些酯类在多种类型的啤酒中都存在，尤其是爱尔和比利时啤酒。酯类的多少部分取决于发酵温度，温度越高，产生的酯类越多。

■ 杂醇实际上是多种高级醇的混合物，这些杂醇会使最终啤酒具有辛辣刺激的特征。虽然在多种类型的啤酒中都有杂醇存在，但是如果杂醇特征过于明显，一般会被视为缺陷。事实上，杂醇一词在德语里的意思是"劣酒"。

■ 跟杂醇一样，太多双乙酰的存在，对于大多数类型的啤酒来说，都是缺陷，对于拉格啤酒尤为如此。虽然多数啤酒都会或多或少含有双乙酰，但是如果含量过高，则会产生强烈的奶油和奶油威士忌的风味和香气。双乙酰通常会在发酵完成后被酵母"清理干净"，所以如果在最终的啤酒里发现双乙酰，通常表明发酵得不好。

上面发酵酵母与下面发酵酵母

啤酒酿造用到的2种酵母可以根据它们发酵的方式不同进行区分。啤酒酵母（*S. cerevisiae*）属于上面发酵酵母，巴氏酵母（*S. pastorianus*）属于下面发

许多比利时啤酒是用布雷特酵母酿造的，布雷特酵母在发酵过程中能带来复合水果的风味。

布雷特酵母

布雷特啤酒是用一种被称为布雷特酵母（*Brettanomyces*）的野生酵母酿造的。这种酵母能够产生极好的复合风味和香气，常用于酿造酸啤酒（参见66~67页）。

布雷特酵母能够代替酿酒酵母（*Saccharomyces*）用于啤酒主发酵中，对麦汁进行彻底发酵，生成二氧化碳和酒精。不过，布雷特酵母发酵速度不如酿酒酵母，如果用于主发酵，需要更大的接种量。

酵酵母。

上面发酵酵母在较高发酵温度下工作得更好，其典型发酵温度是16~24℃。因为在发酵过程中这种酵母会上浮到发酵桶上部，因而得名。这种酵母在较高发酵温度下能产生很多复杂的酯类化合物，从而带来多种风味和香气。根据风味特征不同，上面发酵酵母又分为爱尔酵母和小麦酵母。

与上面发酵酵母相反，下面发酵酵母在较低温度下工作得更好，其典型发酵温度是7~15℃。发酵时，这种酵母会下沉到发酵桶的底部，更倾向于酿制干净清爽的啤酒。由于发酵温度较低，所以与上面发酵酵母相比，这种酵母产生的酯类更少，但是生成的双乙酰更多。因此，许多下面发酵酵母需要进行"双乙酰休止"（在发酵结束时把发酵温度升高，继续发酵几天），这样有利于使双乙酰的水平降下来。

絮凝与发酵度

所有酵母都可以用絮凝速率和发酵速率来衡量。絮凝是测量酵母是否容易从麦汁悬液中沉降的指标，影响啤酒澄清的速度和难易度：絮凝速率越高，啤酒澄清越快。对于容易絮凝的酵母，在发酵过程中，需要用搅拌方式让絮凝的酵母颗粒重新回到悬液中，从而保证发酵圆满完成。

发酵度是衡量酵母利用麦汁中糖的效率的指标。通常用百分比来表示，比如，发酵度为100%时，表示酵母将麦汁中的糖全部转化成了酒精。发酵度高的酵母一般絮凝性差，反之亦然。

酵母的再利用

尽管酿酒酵母，尤其是液态酵母（见下图），一般都价格昂贵，但是可以重复使用。发酵完成后，从发酵桶底部收集大约500mL沉淀物，置于经过灭菌的容器中存放到冰箱里（0~4℃）贮藏。如果在2周内使用，可以直接将酵母接种到下一批麦汁中。即使贮存超过2周，也无须担心，只需要将酵母制成种子液（参见60~61页）就可以重复使用了。不然，就需要计算好时间，以保证可以将前一批的发酵沉淀物直接接种到新一批的麦汁中。

液体鲜酵母可以重复使用3~4次；固体干酵母一般不适合重复使用，不过相对来说也更便宜。

如果使用液体鲜酵母，需要首先制成种子液，增加活细胞的数量。

酵母的形式

自酿啤酒用的酵母有干酵母和液体鲜酵母2种形式。干酵母保质期长，方便使用，但是选择有限。主要品牌有：弗曼迪斯（Fermentis）和丹斯塔（Danstar）。相反，液体鲜酵母却有很多选择：可以酿造任何你想酿的啤酒。不过，液体鲜酵母保质期较短，需要制作种子液（参见60~61页）。主要品牌有：W酵母（Wyeast）和怀特实验室（White Labs）。

干酵母　　　　　　　　液体鲜酵母

酵母一览表

鲜酵母的供货不能保证，因此可利用本表为本书中的关键配方找到可替换的酵母（注意干酵母不一定完全适用书中的所有配方）。

啤酒类型	啤酒名称	液体鲜酵母		干酵母
		选择1	选择2	
淡色拉格	欧式拉格 （参见76页）	W酵母：2007比尔森	怀特实验室：830德式拉格	弗曼迪斯34/70
淡色拉格	多特蒙德出口型拉格 （参见78~79页）	W酵母：2124波西米亚拉格	怀特实验室：830德式拉格	弗曼迪斯S23
淡色拉格	日本大米拉格 （参见81页）	W酵母：2278捷克比尔森	怀特实验室：800比尔森	弗曼迪斯34/70
比尔森	捷克比尔森 （参见82~83页）	W酵母：2001比尔森之源	怀特实验室：800比尔森	弗曼迪斯34/70
比尔森	德式比尔森 （参见85页）	W酵母：2007比尔森	怀特实验室：840美式拉格	弗曼迪斯34/70
比尔森	美式比尔森 （参见87页）	W酵母：2124波西米亚拉格	怀特实验室：840美式拉格	弗曼迪斯34/70
琥珀拉格	维也纳拉格 （参见88~89页）	W酵母：2124波西米亚拉格	怀特实验室：830德式拉格	弗曼迪斯34/70
琥珀拉格	十月庆典 （参见90页）	W酵母：2206巴伐利亚拉格	怀特实验室：820十月节	弗曼迪斯34/70
博克	淡味博克 （参见91页）	W酵母：2487淡味博克	怀特实验室：833德式博克	弗曼迪斯34/70
博克	双料博克 （参见94页）	W酵母：2124波西米亚拉格	怀特实验室：830德式拉格	弗曼迪斯34/70
博克	冰馏博克 （参见95页）	W酵母：2308慕尼黑拉格	怀特实验室：838南德拉格	弗曼迪斯34/70
深色拉格	慕尼黑深色拉格 （参见98页）	W酵母：2278捷克比尔森	怀特实验室：830德式拉格	弗曼迪斯34/70
深色拉格	黑色拉格 （参见99页）	W酵母：2042丹麦拉格	怀特实验室：WLP802捷克拉格	弗曼迪斯S23
淡色爱尔	春季啤酒 （参见104页）	W酵母：1275泰晤士河谷爱尔	怀特实验室：023伯顿爱尔	丹斯塔诺丁汉
淡色爱尔	丰收淡色爱尔 （参见106页）	W酵母：1272美式爱尔II	怀特实验室：060美式爱尔混合酵母	弗曼迪斯US05
淡色爱尔	特苦爱尔 （参见107页）	W酵母：1187灵伍德爱尔	怀特实验室：005英式爱尔	弗曼迪斯S04
淡色爱尔	淡色爱尔 （参见110~111页）	W酵母：1187灵伍德爱尔	怀特实验室：005英式爱尔	丹斯塔诺丁汉
淡色爱尔	蜂蜜爱尔 （参见112页）	W酵母：1098英式爱尔	怀特实验室：007英式干型爱尔	丹斯塔诺丁汉
淡色爱尔	科威克农家爱尔 （参见116~117页）	酵母湾：西格蒙德沃斯科威克	欧米伽实验室：霍宁达尔科威克	无
淡色爱尔	双倍干投酒花淡色爱尔 （参见120页）	W酵母：1318伦敦爱尔III	怀特实验室：007英式干型爱尔	弗曼迪斯S04

啤酒类型	啤酒名称	液体鲜酵母		干酵母
		选择1	选择2	
IPA	英式IPA （参见121页）	W酵母：1187灵伍德爱尔	怀特实验室：005英式爱尔	弗曼迪斯US05
IPA	美式IPA （参见125页）	W酵母：1272美式爱尔II	怀特实验室：060美式爱尔 混合酵母	弗曼迪斯US05
IPA	黑色IPA （参见127页）	W酵母：1187灵伍德爱尔	怀特实验室：005英式爱尔	弗曼迪斯US05
IPA	布雷特IPA （参见128~129页）	酵母湾：WLP4647混合 （布雷特超级混合酵母）	欧米伽实验室："带来达凡克"	无
苦啤酒	伦敦苦啤 （参见140页）	W酵母：1318伦敦爱尔III	怀特实验室：013伦敦爱尔	弗曼迪斯S04
苦啤酒	爱尔兰红色爱尔 （参见145页）	W酵母：1084爱尔兰爱尔	怀特实验室：004爱尔兰爱尔	弗曼迪斯S33
烈性爱尔	法国贮藏啤酒 （参见148~149页）	W酵母：3711法国塞松	怀特实验室：566塞松II	无
烈性爱尔	冬季暖身啤酒 （参见150页）	W酵母：1968超苦啤酒	怀特实验室：002英式爱尔	弗曼迪斯S04
烈性爱尔	比利时金色爱尔 （参见154页）	W酵母：1388比利时烈性啤酒	怀特实验室：570比利时 金色爱尔	无
烈性爱尔	比利时双料 （参见155页）	W酵母：3944比利时白啤酒	怀特实验室：400比利时 小麦爱尔	弗曼迪斯WB06
棕色爱尔	南方棕色爱尔 （参见161页）	W酵母：1187灵伍德爱尔	怀特实验室：005英式爱尔	弗曼迪斯US05
淡味啤酒	淡味啤酒 （参见164页）	W酵母：1318伦敦爱尔III	怀特实验室：013伦敦爱尔	弗曼迪斯US05
大麦酒	英式大麦酒 （参见166~167页）	W酵母：1028伦敦爱尔	怀特实验室：013伦敦爱尔	弗曼迪斯S33
大麦酒	美式大麦酒 （参见168页）	W酵母：1056美式爱尔	怀特实验室：001加利福尼亚 爱尔	弗曼迪斯S33
世涛	干世涛 （参见174页）	W酵母：1084爱尔兰爱尔	怀特实验室：004爱尔兰爱尔	弗曼迪斯US05
波特	棕色波特 （参见169页）	W酵母：1028伦敦爱尔	怀特实验室：001加利福尼亚 爱尔	弗曼迪斯US05
德式白啤酒	小麦博克 （参见186页）	W酵母：3056巴伐利亚 小麦白啤混合酵母	怀特实验室：380德式 小麦IV	丹斯塔慕尼黑
黑麦啤酒	德式黑麦啤酒 （参见192页）	W酵母：3638巴伐利亚 小麦白啤	怀特实验室：380德式 小麦IV	弗曼迪斯WB06
比利时白啤酒	比利时白啤酒 （参见194~195页）	W酵母：3944比利时 小麦白啤	怀特实验室：400比利时 小麦爱尔	弗曼迪斯WB06
深色小麦啤酒	德式深色小麦啤酒 （参见196页）	W酵母：3056巴伐利亚 小麦白啤混合酵母	怀特实验室：380德式 小麦IV	弗曼迪斯WB06
淡色混酿啤酒	科隆啤酒 （参见201页）	W酵母：2565科隆啤酒	怀特实验室：029德式爱尔	弗曼迪斯US05
琥珀混酿啤酒	加州蒸汽啤酒 （参见202页）	W酵母：2112加利福尼亚爱尔	怀特实验室：810旧金山拉格	弗曼迪斯US05

酿造用水

作为酿造使用的液体，水是啤酒最主要的原料。因此水的质量和化学组成，对于最终啤酒会产生显著影响。

城市供水的化学组成取决于自来水在到达水龙头之前所经历的"旅程"：因为地球上所有的水都来自雨水，而雨水在渗到地下的过程中会获得多种矿物质，这些矿物质的多少取决于雨水流经过哪些岩石。有些矿物质，如钙和镁可溶于水，作为离子，这些可溶性的矿物质就被带到我们的城市供水中。依据水中矿物质含量的多少，我们将矿物质多的水称为硬水，而矿物质含量低的水则称为软水，比如，流经页岩和花岗岩的水就是典型的软水。

啤酒风格与水的关系

在人们能够对水进行化学分析之前，啤酒风格通常与当地供水的化学组成直接相关。所以，如果你想重现某种特定风格的啤酒，"复制"啤酒产地供水的组成，将帮助你完成所愿。例如，捷克比尔森地区是比尔森拉格的故乡，当地拥有可能是全世界最软的水，几乎不含矿物质成分，因此才诞生了特别清澈、口味干净的拉格啤酒。相反，爱尔兰都柏林是世界著名干型世涛——健力士（Guinness）的发源地。当地的水质很硬，其中的碳酸氢盐和钙的含量很高。这导致水的pH较高，但恰好与酸度较高的重度烤制麦芽平衡，从而创造出了完美的世涛啤酒。

用自酿盒和麦芽浸出物酿酒

采用自酿盒和麦芽浸物酿造法酿酒（参见52~55页）时，酿造用水的化学组成对最终啤酒的影响微乎其微。只要水尝起来和闻起来还好，就应该能酿出好啤酒来。唯一让人担心的潜在问题是城市供水部门是

软水用来酿造口味清爽、干净的淡色拉格。

最好的世涛是采用pH较高的硬水酿造的。

否在水中加了大量的氯或氯胺，这些成分作为城市供水的消毒剂，会影响酿酒过程中的酵母，生成令人讨厌的药味（参见下文"水的简易处理"）。

全麦芽酿酒

对于全麦芽酿酒（参见56~59页）来说，酿造用水的化学组成就重要多了。尤其是在糖化（参见57页）过程中，用水的酸碱度和所用谷物原料的种类将决定糖化时的pH，如果该pH不在5.2~5.8，那么，麦芽中的酶活性将受到负面影响，进而影响麦芽中淀粉转化为糖的效率。

在之后的发酵过程中，随着酵母发酵麦汁中的糖，pH会自然下降，并形成不利于有害细菌生长的环境。最后，保证适宜的pH还有助于最终啤酒的澄清和整体品质的提升。

水质分析

对于酿酒而言，水中重要的离子包括：钙离子（Ca^{2+}）、镁离子（Mg^{2+}）、碳酸氢根离子（HCO_3^-）、钠离子（Na^+）、氯离子（Cl^-）和硫酸根离子（SO_4^{2-}）。当地供水部门或供水商应该能提供一份水质分析报告。据此，根据酿酒需要，可添加硫酸钙（石膏）、硫酸镁或者钠盐来调整用水的矿物质组成，然后根据特定酿酒配方的需要，调整水的pH。完成这些矿物质的添加和调整可能有些复杂，不过，现在网上有几种在线计算程序，可以帮助你完成有关计算（更多信息参见219页）。

数字pH计

糖化测试

用pH试纸或者数字pH计就可以简单地测量糖化时的pH，然后记录测定结果，以便下次调整糖化水时参考。不过要记住，尽管在采用全麦芽酿造法时了解水的大概情况是有用的，但是，当你想模仿某种特定啤酒风格时，即使不对水的pH和矿物质组成进行调整，仍然可以酿造出非常好的啤酒。

水的简易处理

假如你使用的水质偏硬，而你又想酿造全麦芽拉

如果水中氯含量偏高，请在使用前煮沸大约30min。

格或者比尔森这类需要用软水酿造的啤酒。那怎么办呢？很简单。你可以在自来水中加入大量蒸馏水或者去离子水（这些水都可以买到）。这样有助于维持合适的糖化pH，同时避免涩口的单宁味进入最终啤酒里。

要去除水中的氯，可将酿酒所需用水放置过夜或者在使用前煮沸30min。不过，氯胺却无法用煮沸的方法去除。想同时去除氯和氯胺，最简便的办法是在用水前几分钟，加入压碎的坎普登片（Campden tablet）。

对于采用自酿盒和麦芽浸出物的酿酒者，最主要的考虑因素就是用水中不能有氯和氯胺。如果你的运气足够好，从龙头直接接出来的水就品质优良，那就不用进行任何处理了。

酿酒小贴士

桶装矿泉水可以作为处理家用自来水的替代办法。虽然价格稍贵，但桶装水使用方便，是酿酒的理想用水。

药草、鲜花、水果和香料

最初在使用酒花之前，药草、鲜花、水果和香料都曾用来给啤酒增添风味并保护其免于受到细菌的侵害。这些原料能给啤酒带来各种令人惊奇的风味和香气。

椰子肉

在多种啤酒风格中都非常适合，但是可能最适合深色世涛或波特这两种风格的啤酒。最好使用烘烤的椰肉条，在发酵快结束时添加。

豆蔻籽

常用于比利时风格的啤酒，与香菜籽、孜然和柑橘风味配伍较好。煮沸结束前最后几分钟添加或者发酵大约4天后添加。

香菜籽（芫荽籽）

在比利时白啤酒酿造时与苦橙一同使用效果最佳，风味独特。煮沸结束前最后几分钟添加或者发酵大约4天后添加。

八角

在酿造比利时风格爱尔和节庆用酒时使用，能增添辛辣的甜味。煮沸结束前最后几分钟添加或者发酵大约4天后添加。

桂皮

桂皮能带来特殊的香气和风味，所以主要用于酒体饱满的深色啤酒中。煮沸结束前最后几分钟添加或者发酵大约4天后添加。

甘草根

甘草根能带来独特的甜味，主要用于节日烈性啤酒和优质佳酿。煮沸结束前最后几分钟添加或者发酵大约4天后添加。

香草荚

在世涛和波特啤酒配方中只用一两根香草荚，便能增加甜味和温热的风味。煮沸结束前最后几分钟添加或者发酵大约4天后添加。

红辣椒

用于墨西哥啤酒和淡色拉格，能增添微妙的干爽回味和轻微的灼烧感，同时也很适合酿新奇的啤酒。发酵大约4天后添加。

杜松子

金酒的主要调味品，同样可以添加到啤酒中，以获取类似金酒的微妙风味。煮沸结束前最后几分钟添加或者发酵大约4天后添加。

蔷薇果

在节日啤酒和烈性啤酒中少量使用蔷薇果，可以赋予啤酒特征性风味。煮沸结束前最后几分钟添加或者发酵大约4天后添加。

蓝莓

适合用于多种风格的啤酒。既增添风味，又增加颜色。因为效果相对不明显，所以添加量可能比想象的要更多。一般在发酵结束时添加。

桃

具有微妙的风味，适合于多种不同风格的啤酒。可以在含柑橘味酒花的啤酒中试用。发酵结束时添加。

杏

最适合在酸啤酒中应用，因为杏的甜味与酸啤酒的酸味非常匹配。在发酵结束时添加。

接骨木果

经常用于葡萄酒酿造中，能增添类似波尔图葡萄酒的风味。非常适合用于烈性节日啤酒。宜在发酵大约4天后少量添加。

接骨木花

非常适合夏季爱尔啤酒中使用，但是因为其气味强烈，所以要少量添加。煮沸结束前最后几分钟添加或者发酵大约4天后添加。

卡菲尔酸橙叶

带有辛辣风味和香气，能赋予啤酒清爽的柑橘味。煮沸结束前最后几分钟添加或者发酵大约4天后添加。

草莓

在淡色啤酒和拉格啤酒中使用，能带来微妙的甜味。发酵大约4天后加入。

覆盆子（树莓）

适合在比利时小麦啤酒和酸啤酒中使用，能带来特征性的水果甜味。发酵大约4天后加入。

樱桃

比利时樱桃啤酒很受欢迎。樱桃可以很好地平衡酒精味和酒花苦味。发酵大约4天后加入。

橙皮

用于烈性比利时啤酒和节日啤酒。苦橙皮（或苦拉索）能给比利时啤酒和小麦啤酒增添爽口的橙味，但是没有一点儿苦味，尽管名字看上去有苦味。煮沸结束前最后几分钟添加或者发酵大约4天后添加。

柠檬皮和酸橙皮

柠檬皮适合用于淡色爱尔和淡色夏季啤酒，能增加爽口的柑橘特征风味。酸橙皮也适合淡色爱尔啤酒，与香菜籽和香茅草匹配，带来清新的活力。煮沸结束前最后几分钟添加或者发酵大约4天后添加。

石楠枝

传统上，用于一种称为弗拉奇（Fraoch）的苏格兰爱尔啤酒中，能够带来青草味和薄荷的香气和风味。由于石楠枝具有优质的苦味特性，过去曾作为酒花的替代物使用。煮沸结束前最后几分钟添加或者发酵大约4天后添加。

茶

非常适合IPA和酸啤酒。茶的品种不同，其香气和风味也不相同。轻微地蒸一下，对茶进行杀菌，同时释放香气，然后在发酵快结束时添加。

咖啡

从淡色爱尔到世涛啤酒，咖啡在多种不同风格的啤酒中味道都不错。一般在发酵快结束的时候添加，最好事先将咖啡豆轻度压碎。

坚果

用于深色啤酒。坚果必须经过烘烤，以便尽可能把其中的油脂去除，因为后者会破坏啤酒泡沫。杏仁和花生都可以用。在发酵结束前添加。

动手酿造

酿酒之前

　　酿造属于自己的啤酒，听起来就是个充满快乐而且获得感很强的人生体验。为了确保酿造过程顺利进行，在动手之前，有4个关键因素必须想清楚。

1. 想酿造哪种风格的啤酒？

　　从理论上来说，可以酿造任何一种风格的商业化啤酒。不过，考虑到涉及的工艺，有些风格的啤酒需要额外的设备和更高级的技术。如果你是个酿酒新手，不妨先从相对简单的配方开始，如：淡色爱尔啤酒（参见104~120页）、苦啤酒（参见140~147页）或者世涛啤酒（参见174~183页）。制作拉格啤酒（参见74~99页）通常更复杂，因为需要在低温下发酵和贮藏。如果你真的决定酿造一款拉格啤酒，那么先找一台老式冰箱，接上数字温控器（参见51页），确保能够精准地调节温度，这样才能达到最佳效果。

自酿成功小窍门

- 动手之前，确认已准备好酿酒所需的所有装备和原料。
- 列一份清单，写明每个阶段需要做的事情。
- 在购买干酵母、麦芽浸出物和糖的时候，要留出富余。这样一旦出现诸如酵母失效或者需要更多的糖时，可以避免整桶啤酒浪费掉。
- 早一些开始，因为酿造过程可能比预期的时间更长，尤其是采用全麦芽酿造法的时候更是这样。
- 考虑找个朋友一起合作，这样更有意思，同时还能帮你节约费用，分担工作量。
- 在酿酒完成之前，不要过早取样。

选择一款爱尔啤酒配方开始自酿，因为制作爱尔啤酒时间短且易于上手。

与大多数爱尔啤酒相比，拉格啤酒对于酿造技术和装备的要求更高。

2. 想用什么方法酿酒?

自酿啤酒的方法主要有3种：自酿盒酿造法、麦芽浸出物酿造法和全麦芽酿造法（参见56~59页）。选择哪种酿造方法将决定动手之前需要购买什么装备和哪些原辅料。

最简单的方法是使用自酿盒酿酒。这种方法操作简单，还能做出来相当不错的啤酒，所以非常适合新手。假如以后想换到更高级的酿酒法时，也不用担心投资的装备会造成浪费，因为用自酿盒酿造法制作啤酒需要的装备同样适用于麦芽浸出物酿造法和全麦芽酿造法。

麦芽浸出物酿造法也比较简单，却能让你酿出更多种类的啤酒。本书给出了很多采用麦芽浸出物酿造法的相应配方。

自酿盒酿酒法快捷、容易，能酿出专业水准的啤酒。

3. 在哪里酿酒?

酿酒是项十分烦琐的工作，所以找到合适的地方来完成酿酒操作是非常重要的决定。对大多数人来说，厨房是制备麦汁的最佳场所，因为这里有上水，有下水，还有热源。不过，考虑到当采用麦芽浸出物酿造法和全麦芽酿造法对麦汁进行煮沸时，会产生具有强烈气味的蒸汽，所以选择户外更好。

甜麦汁制作完成以后，需要找到一个合适的地方，让23L液体在恒定温度下发酵，还要避免阳光直射。大多数爱尔酵母都需要温暖的室温条件，所以如果酿造场所比较冷的话，可能还需要准备一个加热器（参见48页）。

在普通厨用电炉上简单煮沸麦汁。

4. 有可靠的供应商吗?

因为你进行的是自酿啤酒试验，所以除了装备和原辅料之外，可能还需要一些好的建议，这时找到一个合适的供应商就显得非常关键。如果你运气足够好，当地就有专业供应商的话，那么登门去拜访一下，多数供应商都会非常乐意给你提供意见和建议。你要找的供应商最好能同时提供多种酵母（包括液体鲜酵母）、真空包装的啤酒花以及酿酒的相关装备。

如果你所在的区域没有自酿啤酒店，那么网上有很多零售商也供应酿酒装备和原辅料。如果有需求，他们还可以提供意见、建议和支持帮助。网上论坛也是你获取酿酒小窍门的很好渠道，通过这种方式你还可以与其他自酿者分享你的酿酒经验。

有了多种多样的原辅料，可以尝试酿造不同风格的啤酒。

酿酒三法

自酿啤酒，根据期望不同，既可以很容易，也可以很复杂。主要区别在于麦汁制备的方法不同，总共有3种方法，每一种比上一种更高级。

方法一：自酿盒酿造法

自酿盒酿造法（参见52~53页分步技术详解）是自酿啤酒最简单的方法。麦芽制造商预先将麦汁中的大部分水分去除，制成糖浆状的浓缩物。自酿者只需将这种体积较小的浓缩麦汁复水，得到和一桶啤酒体积相当的麦汁即可。整个过程仅耗时20~30min，且不需要任何专业知识。近年来，随着一些专业啤酒商不断开发出各种近似于商业啤酒的自酿盒产品，自酿盒的质量已大为改观。

优点	缺点
• 可快速备好；	• 满足客户需求的配方较少；
• 使用简便，无需专业知识；	• 酿酒过程中很可能会失去所
• 仅需基本装备。	有酒花香气。

方法二：麦芽浸出物酿造法

使用麦芽浸出物酿造法（参见54~55页分步技术详解）酿酒，需要将未添加酒花的麦芽浸出物（液态或固态）复水后煮沸，煮沸过程中分不同阶段加入酒花。冷却后即获得可用于发酵的麦汁。这种方法虽然比采用自酿盒酿造法更耗时，而且也需要更多装备（参见46~51页），却因为能够酿造出获奖啤酒而在自酿界备受推崇，被认为值得付出精力去做。

优点	缺点
• 能酿造出多种风格的啤酒；	• 不是所有麦芽都有浸出
• 可以使用特种谷物获取	物产品；
特定风味；	• 由于麦芽浸出物成本高，所
• 参与感强，可增强自信心，	以这种方法成本最高；
提高技能。	• 更耗时，需要更多装备。

方法三：全麦芽酿造法

全麦芽酿造法，又称全谷物酿造法，是专业酿酒商使用的技术。主要包括3个关键步骤：糖化、洗糟和煮沸（参见56~59页分步技术详解）。此法灵活性最强，适合于复制任何一种风格的啤酒。不过，对专业知识、装备、时间和精力的要求也最高，所以并非人人都适合。通常来说，自酿者只有通过前两种方法积累经验，增强信心后，才能升级到全麦芽酿造。

优点	缺点
• 适用于所有风格的啤酒；	• 所需装备最多；
• 可使用最廉价的原料；	• 酿酒过程耗费数小时；
• 可对使用的原料实现完全控制；	• 可能弄得乱七八糟；
• 可酿出品质极好的啤酒。	• 更容易出错！

三级酿酒装备组合

全麦芽自酿者通常使用3个独立容器：热水罐——用于加热和贮存所有的酿造用水；糖化锅——用于将发芽谷物与热水混合，制备甜麦汁；煮沸锅——用于将麦汁和酒花一同煮沸，在杀菌的同时，增添风味和香气。在居家条件下，水和麦汁的流动通常是通过使用一个上下分级组合装置，借助重力作用实现的（如下图）。当然，并排方式也可以，但是需要水泵才行。

热水罐

糖化锅

煮沸锅

袋式全麦芽酿造法

全麦芽酿造也可以在一个单独加热容器中完成，称为袋式酿造法（BIAB）。先把容器中的水加热到糖化温度，再将谷物置于袋中，放到热水中进行糖化，糖化后取出谷物袋，然后开始煮沸。这套装置与经典的全麦芽酿造法相比，花费更低，操作更快捷也更井然有序，但是需要一个足够大的加热容器，而且糖化过程中的效率也较低。

现在有许多一体式酿酒系统都是基于同样的设计。尽管现在价格还比较高，但是通过使操作过程自动化，大大降低了全麦芽酿造的难度。另外，还有一个优点，只需要清洗和存放一件设备。

卫生的重要性

酿出好啤酒的关键是对卫生给予足够重视。事实上，商业酿酒商花在设备清洗和杀菌上面的时间，跟花在酿酒上面的时间几乎一样多。

卫生不好是造成酿酒失败的最主要原因。如果说制备的甜麦汁为酵母提供了细胞繁殖的理想条件的话，那么同时也是各种野生酵母和杂菌的最佳寄居地。啤酒一旦受到杂菌污染，通常无法挽救。良好的卫生条件在炎炎夏日尤为重要，因为此时通过空气感染细菌的风险最高。

清洗与杀菌

良好的卫生意味着要对所有酿酒装备进行彻底的清洗和杀菌。要养成用完设备立即清洗的习惯，因为在污垢和残渣干涸前清洗会容易得多。另外，一定要把龙头或阀门从容器上卸下来，仔细洗刷上面的螺纹，这些是最常出问题的地方。

设备清洗完毕，需要进行杀菌，以杀死所有细菌。麦汁煮沸后有可能接触到的每一件工、器具都必须杀菌，包括试管、液体比重计、温度计和汤勺等。根据选用的杀菌剂种类不同（参见下文），可能需要在杀菌后进行必要的冲洗。

为方便起见，可在发酵桶内对设备的小部件进行杀菌。

清洗酒瓶

这是个费劲的活儿，特别是当沉淀在酒瓶底部的酵母干涸了以后更难清洗（啤酒饮用后立刻洗刷酒瓶，会给你后面节省大量的时间和力气）。如果酒瓶很脏，先用温和的漂白液浸泡1小时，然后用瓶刷去除污物和残渣，再杀菌，并用清水冲洗干净。

瓶刷

酸性消毒剂

适用于大多数材质，包括不锈钢。方便易用且快速有效，通常只需30s就够了，消毒后稍作冲洗即可。事实上，有一种最受欢迎的产品——圣星（Star San），是泡沫型产品，消毒后根本不用冲洗。不过，圣星产品遇到硬度和碱度都较高的用水时，消毒效果会变差。假如跟水混合后，消毒液呈雾状或者pH高于3.5，那就需要换一种水源。遇到这种情况，用桶装水可能是比较好的选择。

含氯消毒剂

含氯产品杀菌效果非常好，仅需要极少的用量，比如，将1mL纯氯消毒剂加到1000L水中配成稀溶液就可以拿来使用。但是要注意含氯产品不适合浸泡不锈钢容器，因为时间长了会长锈斑。还要注意，消毒完了要用热水冲洗干净。专业含氯消毒产品有两种产品形式：液体和粉末，只要按照每种产品的使用说明去做就行，通常都很容易。

家用漂白剂

氯的最常见来源是家用漂白剂，其中含有大约5%的纯氯。在1L水中加入0.5mL漂白剂制成溶液，然后浸泡容器和设备30min即可。对于比较顽固的残留物，可以使用更强的溶液（每1L水中添加3mL漂白剂）并浸泡一整夜。避免使用带香味的漂白剂，因为会留下异味。

含碘消毒剂

碘伏是最常见的含碘消毒产品，也是一种高效消毒剂。跟含氯消毒剂一样，含碘产品如果与不锈钢接触时间长了也会生出锈斑。另外，因为产品本身呈浅棕色，会让塑料产品染色，尽管不太美观，但还不算什么问题。

焦亚硫酸钠的说明

虽然一些自酿者会使用焦亚硫酸钠（也称坎普登片）来给他们的设备消杀菌消毒，但我们并不推荐这样做。因为这种化学药品并不能有效抑制细菌的生长，并有污染啤酒的风险。

焦亚硫酸钠更适用于苹果酒和葡萄酒的酿造中，这些酒的酸度更高，焦亚硫酸钠可以产生二氧化硫（二氧化硫可以有效杀死野生菌）。通常苹果酒和葡萄酒的酒精度数也更高，可以进一步避免出现细菌污染。

含氯消毒剂（液体）

含氯消毒剂（粉末）

酸性消毒剂

酿酒小贴士

设备内部的划痕是细菌理想的隐身场所，所以要定期检查设备的划痕情况，如有必要，应适时更换。

酿酒装备

　　自酿啤酒需要的基本装备是个人完全负担得起的，而且对于前面介绍的3种酿酒方法都适用。不过，采用麦芽浸出物和全麦芽酿酒确实比采用自酿盒酿酒需要更多的装备（见下表）。

酿酒装备一览表

装备名称	自酿盒酿造法	麦芽浸出物酿造法	全麦芽酿造法
发酵桶（参见下页）	✓	✓	✓
液体比重计和试管（参见下页）	✓	✓	✓
虹吸管（参见下页）	✓	✓	✓
酿酒汤勺（参见下页）	✓	✓	✓
温度计（参见48页）	✓	✓	✓
贮酒容器（参见48页和65页）	✓	✓	✓
开罐器和水壶（参见48页）	✓	不适用	不适用
气塞（参见48页）	可选用	可选用	可选用
加热器（参见48页）	可选用	可选用	可选用
灌瓶管（参见48页）	可选用	可选用	可选用
煮沸锅（参见49页）	不适用	✓	✓
称量天平（参见49页）	不适用	✓	✓
数字定时器（参见49页）	不适用	✓	✓
谷物袋（参见49页）	不适用	可选用	可选用
冷却器（参见49页）	不适用	可选用	可选用
糖化锅（参见50页）	不适用	不适用	✓
洗糟臂（参见50页）	不适用	不适用	✓
热水罐（参见50页）	不适用	不适用	✓
酒花浸取器（参见51页）	不适用	可选用	可选用
锥形瓶（参见51页）	不适用	可选用	可选用
磁力搅拌器（参见51页）	不适用	可选用	可选用
啤酒加注枪（参见51页）	不适用	可选用	可选用
数字温控器和酿酒专用冰箱（参见51页）	不适用	可选用	可选用
酿酒软件和应用程序（参见51页）	不适用	可选用	可选用
数字pH计（参见51页）	不适用	不适用	✓
折光仪（参见51页）	不适用	不适用	可选用

发酵容器

所有自酿者都需要合适的发酵容器用于发酵麦汁。下面是3种主要的发酵容器。

■ 塑料发酵桶

这是最常见的发酵容器，便宜、耐用、好清洗，而且从5L到210L有多种规格可选。有些塑料发酵桶还配备了气塞和龙头。

■ 大玻璃瓶

又称为小口大肚玻璃瓶。这种发酵容器的好处在于，不容易有划痕，不容易染色，也不容易给啤酒带来异味。还可以观察发酵过程中酵母的情况。缺点是，大玻璃瓶装满液体后会很重，另外也不方便清洗。

■ 不锈钢发酵罐

这种容器非常耐磨，易于清洗，还能保护啤酒免受阳光照射。多数不锈钢罐底部呈锥形，便于发酵液中的酵母沉淀。不过这也是各种容器中最贵的一种。

酿酒汤勺

长柄汤勺是酿酒必备工具，在添加多种原辅料时，可用来搅拌一大锅麦汁，还可用于接种酵母前给麦汁充入更多氧气。不锈钢汤勺最容易保持清洁，不会带有细菌。

液体比重计和试管

液体比重计是专门用于测定液体的比重或相对密度的仪器，由带刻度的玻璃柄和一端受重的球状物组成。将其置于麦汁或发酵液样品（可用试管收集）中，根据麦汁或发酵液的比重不同，比重计会悬浮于某一刻度。由于酒精的比重比糖液低，所以随着麦汁发酵的进行，比重计悬浮的位置会逐渐降低。通

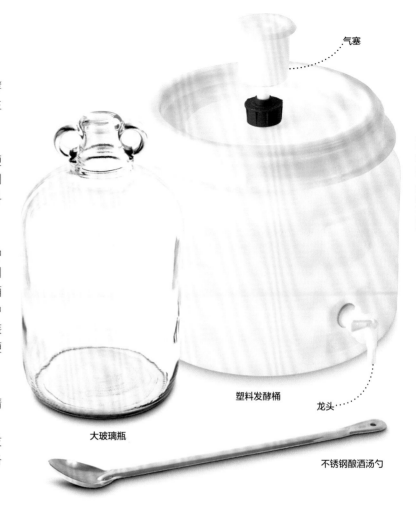

气塞

塑料发酵桶

龙头

大玻璃瓶

不锈钢酿酒汤勺

过读取发酵前（初始比重，OG）和发酵后（最终比重，FG）的数值，就可以确定何时发酵到达终点，并计算出啤酒的酒精浓度（关于如何读取比重数值和计算酒精含量，更多信息参见63页）。

虹吸管

虹吸管用于将啤酒从容器顶部吸出，而不是从容器底部排出，这样保证容器底部的沉淀物免受扰动。最简单的虹吸管其实就是一根长塑料管，有些虹吸管一端加有沉淀物阻挡球，以防止把残渣误吸出来；另一端加有阀门，可以控制流速。

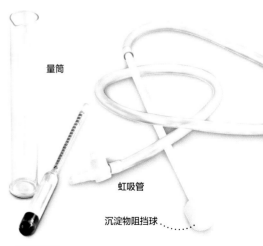

量筒

虹吸管

沉淀物阻挡球

液体比重计

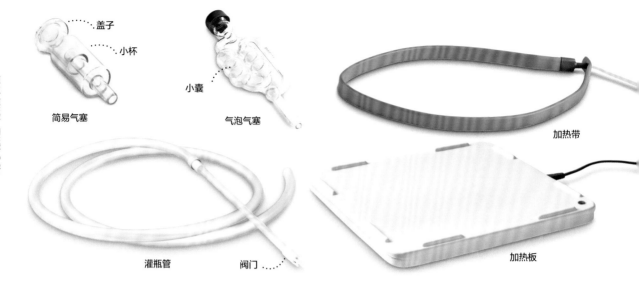

盖子
小杯
简易气塞

小囊
气泡气塞

加热带

灌瓶管　阀门

加热板

气塞

气塞是安装在发酵容器顶端的单向阀，用塞子或者橡胶环制成。发酵过程中，随着容器内压力的增加，二氧化碳从中逸出，但是却能阻止外面空气中的细菌与麦汁接触。气塞主要有下列2种类型。

■ 气泡气塞

也称封闭囊式气塞，由一组充满水的封闭小囊组成。这些小囊中的水阻隔了啤酒与空气的接触，但允许二氧化碳以气泡形式排出（能看到发酵什么时候开始）。

■ 简易气塞

又称手工气塞，由一个小塑料杯状体和一个独立的盖子组成。当发酵容器内压力升高时，盖子被顶起，让二氧化碳逸出，但是盖子会留在杯体顶端，阻止细菌进入。这种气塞比气泡气塞更易清洗，因为各部件可以轻松拆开，然后用小刷子清理干净。

灌瓶管

由一根中空塑料管和一端阀门组成，可以根据需要接出啤酒，同时在灌瓶的时候防止外溢。

加热器

如果发酵场所的环境温度太低，可以使用下列加热器中的一种。

■ 加热带

可缠绕在发酵容器外面进行加热。这种加热器最便宜，但无法调节温度。

■ 加热板

加热板可放在地板上，将发酵容器放在上面。可加热到超过室温的特定温度。

■ 浸入式加热器

这种加热器需要浸入到麦汁中。虽然价格不菲，但其内置的温度调节器能够保证实现精准温度控制。

温度计

所有自酿者都要准备一支温度计，便于在发酵过程中随时检测麦醪的温度。采用麦芽浸出物酿造法和全麦芽酿造法的自酿者，也需要温度计，用于检测麦芽浸泡、糖化以及洗糟时的水温。下面介绍3种类型的温度计。

■ 玻璃酒精温度计

便宜、精确、通用，是最常见的类型。

■ 不干胶温度计

这种液晶温度计可以粘在发酵容器外面，方便随时检测。

■ 数显温度计

这是最好用也最方便读取数值的温度计，但也是最贵的。

贮酒容器

所有自酿者都需要一个或几个贮酒容器，用于将啤酒贮存起来进行成熟。这些容器可以是能承压的酒桶、酒罐或酒瓶（关于贮酒的更多信息参见64~65页）。

开罐器和水壶

采用自酿盒酿酒时，需要一个开罐器（大多自酿盒都呈罐头形状），还需要一个厨用水壶，后者用来向发酵桶里添加热水，以便把麦芽浸出物化开。

采用麦芽浸出物酿造法和全麦芽酿造法需要的额外酿酒装备

煮沸锅

对于采用麦芽浸出物酿酒和全麦芽酿酒的自酿者而言，需要一个容器用来将麦汁加热煮沸。这种煮沸锅的材质有塑料的（便宜、易于清理）、不锈钢的（耐磨、易清洗）或者搪瓷的（耐磨、不会染色）。选购煮沸锅时，要注意顶部留出足够的空间以免沸腾时液体溢出。比如，如果要煮沸23L液体，那么就需要容积为30L的容器。加热可通过设备内置的电热管或独立的燃气灶实现（注意：大多数厨房里的燃气灶加热功率不足以保持大火沸腾的状态）。

冷却器

冷却器要能保证让大量热麦汁快速高效地冷却下来。快速冷却可降低感染细菌的风险，并产生"冷凝物"，即麦汁中的蛋白质凝固，然后沉淀到煮沸锅的底部，这样，这些凝固物就不大可能被转移到发酵桶中。冷却器有下列2种类型。

■ 浸入式冷却器（即蛇形冷却管，译者注）

由一圈一圈的铜管或者不锈钢管组成，使用时直接浸入热麦汁中。与冷却器两端相连的塑料管可以通入冷水以起到冷却作用。这种冷却器能在大约30min内将23L接近沸腾的热麦汁冷却到发酵温度（大约20℃）。

■ 逆流式冷却器（即板式换热器，译者注）

在一个密封装置内安装一系列的金属板，让冷水从装置一侧的通道流入，同时让热麦汁从装置另一侧的独立通道流入，中间的金属板起热交换作用，使麦汁冷却下来。这种逆流式冷却器需要另外购买水泵，所以比浸入式冷却器更贵，另外也不易清洗。

称量天平

使用麦芽浸出物酿酒配方和全麦芽酿酒配方时，需要精确称取每一种谷物和每一次添加酒花的质量。电子天平十分灵敏，可精确称量每次添加的极少量的酒花质量。

数字定时器

主要用于提醒每次添加酒花的时间。

谷物袋

在浸泡谷物阶段投放和取出特种谷物时使用谷物袋很方便。

不锈钢煮沸锅

内置电气元件　塑料煮沸锅

铜管

塑料软管

浸入式冷却器

采用全麦芽酿造法需要的额外酿酒装备

糖化锅

糖化锅是专门用于糖化（参见57页）时将谷物和热水进行混合和浸提的容器。好的糖化锅应具有很好的隔热性能，在整个糖化过程中能够保持温度恒定，每90min降温不超过1℃。许多糖化锅就像简易的塑料野炊恒温箱，再加装一个龙头和一个谷物滤网改成的。这样的糖化锅普遍能从自酿供应商那里买到。或者，你也可以自己定制恒温储物箱。当然，与塑料桶相比，不锈钢材质的糖化锅更耐磨，也更容易保持清洁。

旋转洗糟臂

旋转洗糟臂用来在洗糟阶段冲洗谷物，工作起来就像洒水器。主要由一根沿长轴方向分布着许多小孔的不锈钢中空管组成，当洗糟水流过时，会自由旋转，将水均匀地喷洒到谷物表面。支撑板使其能够固定在糖化锅的上沿。

热水罐

该容器用来加热和贮存酿造用水，对于全麦芽酿酒，下列不同阶段都需要用水，比如：糖化、洗糟和煮沸（参见56~59页）。虽然也可以使用煮沸锅（参见49页）来加热和贮存水，但是使用一个独立容器通常会更快捷方便。比方说，如果你需要预先对酿造用水进行处理（参见34~35页），热水罐就显得特别有用，因为可以让你提前准备和贮存后续步骤的全部用水。正因为此，热水罐一定要比煮沸锅容积更大，但是加热的功率不必相同，因为热水罐只需要将水加热到糖化和洗糟的温度而不需要加热至沸腾。

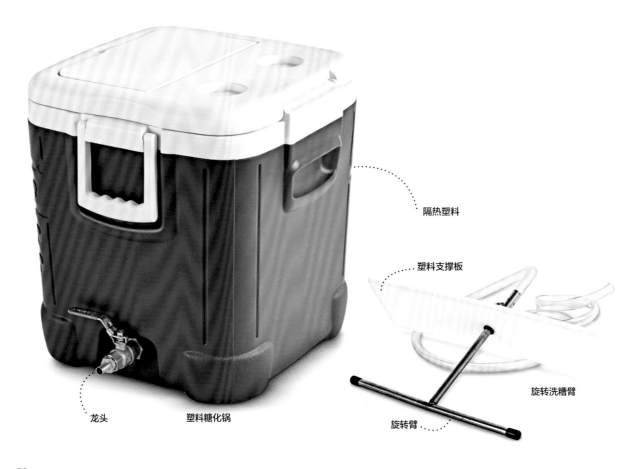

隔热塑料

塑料支撑板

旋转洗糟臂

旋转臂

龙头　　　　塑料糖化锅

高级酿酒装备

折光仪

作为一种精确且易于使用的光学仪器，折光仪的工作原理是基于液体的折射率测定液体的密度。只需要滴几滴麦汁到仪器的光学棱镜上，就可以马上测出麦汁的比重。多数折光仪可以根据温度进行自动校准，使其成为测定洗糟（参见58页）时热麦汁比重的理想仪器。发酵过程中应避免使用折光仪，因为酒精会干扰测定结果。

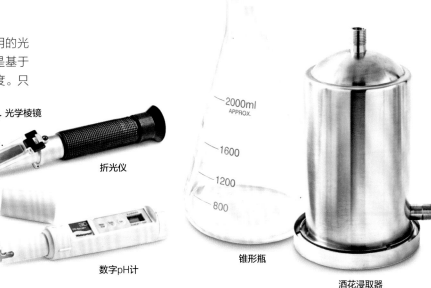

光学棱镜

折光仪

数字pH计

锥形瓶

酒花浸取器

数字pH计

采用全麦芽酿造法的高级酿酒师会觉得这个pH计非常有用，因为可以非常方便地测出糖化醪的酸度。数字pH计易于使用和校准，数值准确且比pH试纸更容易读取数值。

锥形瓶

又称爱伦美氏瓶，是以德国化学家的名字命名的。锥形瓶对于制作酵母种子液（参见60~61页）十分有用。可在这一个容器里完成混合、加热和种子发酵。其圆锥体的构造可保证在摇晃导入氧气时，不会将瓶内液体溅到外面。在选择锥形瓶时，要保证其容积至少比种子液的体积大1L。

酒花浸取器

酒花中微妙的酒花油和香气物质在煮沸过程中易损失，酒花浸取器是用来萃取这些物质的一种浸取装置。在麦汁煮沸结束后，让热麦汁先通过这个装置，然后再进入逆流式冷却器（板式换热器，参见49页），在冷却麦汁的同时，"锁住"酒花香气。酒花浸取器主要在微型酿酒厂和商业酿酒厂使用，对于用少量酒花提供强烈的酒花特征风味极其有效。值得一提的是，现在有专门为自酿啤酒开发的类似装置，叫"酒花火箭"，可帮助酿酒师获得很专业的效果。

数字温控器和酿酒专用冰箱

通过控制发酵温度，可酿出多种不同风格的啤酒，且保证质量稳定。多数自酿者会将发酵容器放置在装有加热器的老式冰箱里，然后将两者都与温控器连接起来。这样，温控器能根据需要让冰箱制冷或加热。

酿酒软件和应用程序

当你想设计属于自己的麦芽浸出物或全麦芽酿酒配方时，计算机软件和应用程序非常适合帮你进行苦味值、色度值以及比重等相关计算。许多应用程序还可制作工作清单，帮你规划酿酒日期，甚至列出需要购买的原辅料清单（参见219页获取更多关于网上资源的细节）。

磁力搅拌器

将一根短金属棒放置在发酵容器内，在磁力作用下，来回转动，用来连续搅动液体酵母种子液（参见60~61页）。

啤酒加注枪

该器具可用于将贮存在酒罐里已经碳酸化的啤酒转移至酒瓶中，并且不需要添加二发糖（参见64页），因此能最大程度减少沉淀物。

自酿盒酿酒法

　　用自酿盒酿酒是自酿啤酒起步的最佳选择。这种方法容易学，学得快，而且只需要具备一些基本知识和技能，再稍加用心，就可以在几周内做出口味很棒的啤酒。

　　多数情况下，用自酿盒每批次大概可以做23L啤酒。不过，如果调配成体积更小、更浓、初始比重更高的麦汁，也可以酿出酒精度更高的啤酒。开始酿酒之前，一定要确认所有的原辅料都已备齐而且都在保质期内，所需要的装备也都有。仔细阅读自酿盒上的使用说明，掌握需要添加多少水。

自酿盒有下列三种类型。

■ 单罐装液体自酿盒：包含一铁罐（或一塑料袋）已添加酒花的麦芽浸出物。常需要额外添加糖或麦芽浸出物来增加可发酵糖，以达到设定的初始麦汁比重。

■ 双罐装液体自酿盒（见下文分步详解）：包含双倍数量的液体麦芽浸出物，不需要额外添加糖。与其他类型的自酿盒相比，可以酿出酒体更加饱满、口感更醇厚的啤酒。

■ 麦芽粉自酿盒：包含粉末状的麦芽浸出物，可能需要额外添加糖或麦芽浸出物。任何情况下，一定要仔细阅读产品使用说明。

装备

平底大锅
开罐器
发酵桶
酿酒专用汤勺或搅拌匙
液体比重计和试管
温度计
气塞（可选用）

原辅料

1罐或2罐液态麦芽浸出物，或者
1包麦芽粉（视供货情况）
1袋酿酒酵母
额外的糖、麦芽浸出物、酒花或
水果（视需要与否）

准备阶段 20min

1 将罐装的麦芽浸出物置于装有热水的平底大锅内，让罐内液体慢慢软化，便于倒出来。趁温化浓缩麦汁罐头的当口，对所有酿酒装备进行彻底消毒（参见44~45页）。

2 打开温化好的罐头，将罐内的浸出物全部倒入发酵桶内，加入一满壶开水，然后戴上隔热手套，再用少量开水将罐内剩余的麦芽浸出物冲洗干净。

麦汁制备 10min

3 向发酵桶中加冷水直到设定的体积。加水时，尽量从高处倒下，让麦汁溅起水花，然后用力搅拌。这样做是为了给麦汁充氧，促进酵母快速繁殖，保证发酵正常进行。

4 用已消毒的试管取出麦汁样品（如果有的话，也可以用"啤酒专用取样小管"或者普通玻璃吸管取麦汁），用液体比重计测定麦汁的初始比重（参见63页）。

接种酵母 5min

5 测量发酵桶中麦汁的温度。如果高于24℃，盖上桶盖，让其冷却一下，然后再开始步骤6，因为过热的麦汁会杀死酵母细胞。

6 打开酵母包，把酵母均匀地撒在麦汁表面。阅读使用说明，如果需要，可以添加小袋装的酒花或水果。盖上发酵桶盖，装上气塞（如果用的话），静待发酵。

参见62~63页获取更多关于发酵的信息。

麦芽浸出物酿酒法

麦芽浸出物酿酒法比自酿盒酿酒法（参见52~53页）耗时稍长，但是因为使用了新鲜酒花和特种谷物，所以酿出来的啤酒风味更加醇厚、香气更加怡人。

许多职业酿酒师最开始都是从用麦芽浸出物酿酒起步的。这种酿酒法需要将未添加酒花的麦芽浸出物与酒花一同煮沸。可以说，酿造好啤酒的关键始终是使用非常新鲜的原料。

本书给出的麦芽浸出物酿酒配方中使用的是麦芽浸出物粉末，需要先用冷水溶解；如果你决定使用液态麦芽浸出物，则用热水溶化更好。

需要煮沸多少麦汁？

可能的话，最好煮沸设定体积（大约27L）的全部麦汁。或者你想少煮一些的话，可以仅用1kg麦芽粉，加入10L水。这样调配成的麦汁，与煮沸全部体积的麦汁相比，比重更低，可以让酒花赋予麦汁更高的苦味值（麦汁比重越低，酒花中苦味酸的浸出率越高。—译者注）。煮沸结束前10min，再加入剩余的麦芽浸出物。煮沸结束后，用滚开后降至低温的水加满发酵桶。

装备

称量天平
煮沸锅或平底大锅
温度计
谷物袋（可选用）
酿酒专用汤勺或搅拌匙
冷却器（可选用）
发酵桶
液体比重计和试管
气塞（可选用）

原辅料

麦芽浸出物（固态或液态）
特种谷物（可选用）
酒花

准备阶段 30min

麦芽浸出物粉末

琥珀麦芽

巧克力麦芽

水晶麦芽

麦汁澄清剂

酒花

酒花

如果要加入谷物，用温度计先测量一下水温。

1 周密的计划是酿酒成功的关键，所以应制订一份工作清单，列出每一种谷物和添加酒花的细节。确认所有的酿酒装备都已消毒（参见44~45页），然后，称取每一种谷物和拟添加的酒花。

2 算好需要多少水，准确量取后，倒进煮沸锅或平底锅，开始加热。如果酿酒配方中提到浸泡谷物，就先把水加热到70℃。否则，把水直接煮开，然后跳到下页步骤4。

麦汁制备 40min

使用谷物袋，会让后面取出谷物时更容易。

用平底锅煮麦汁浸出物时一定要密切观察，以防麦汁煮沸时溢出。

3 将谷物放入水中（尽可能使用谷物袋）。盖上煮沸锅或平底锅的盖子，让谷物浸泡30min，浸泡过程中保持水温在65~70℃。之后，滤出谷物（或取出谷物袋），把水加热至沸腾。

4 水沸腾后，把平底锅从加热器上移开，开始加麦芽浸出物（如果用的是干粉，先用少量冷水溶解），边加边搅拌，以防结块。最后，把麦汁大火煮沸。

煮沸和麦汁冷却 1.5~2h

在添加香花之前，让麦汁稍微冷却一会儿。

5 添加第一份酒花（取其苦味），然后用定时器提醒下一次添加酒花（取其风味）的时间。任何香花都要在煮沸结束后添加，要等麦汁冷却到80℃才行。

6 如果有冷却器（参见49页），用冷却器对麦汁进行快速冷却，否则将平底锅置入冰水中。等麦汁冷却至20~24℃后，转移到发酵桶中，测定麦汁比重，然后撒入酵母。

参见60~61页获取更多关于如何接种酵母的信息。

全麦芽酿酒法

这种高级酿酒法需要的装备最多，还要有最好的酿酒技能和最专业的酿酒知识。尽管如此，自酿啤酒的初学者仍然完全可以掌握。这种酿酒法有三个关键阶段，即：糖化、洗糟和煮沸。

阶段一：糖化

糖化（见下页）是将麦芽在热水中浸提1h（不过更长时间也无害），使麦芽中的淀粉溶解并转化成可发酵糖的过程。

阶段二：洗糟

洗糟（参见58页）是通过冲洗浸提过的谷物，尽可能获取更多可发酵糖的过程。洗糟后获得的甜麦汁随后被转移到煮沸锅。

阶段三：煮沸

煮沸（参见59页）是将麦汁加热到剧烈沸腾后，根据配方需要，间隔不同时间添加酒花的过程。煮沸至少持续1h，这样既起到对麦汁杀菌的作用，同时也保证让酒花赋予麦汁足够的苦味、滋味和香气。

装备
称量天平
煮沸锅
热水罐（可选用）
糖化锅
洗糟臂与接管
酿酒专用汤勺或搅拌匙
液体比重计和试管
气塞
冷却器

原辅料
谷物
酒花
麦汁澄清剂（或爱尔兰苔藓）

准备阶段　1h以内

1 将全部酿造用水加入煮沸锅或热水罐中，加热到77℃。根据煮沸锅的功率不同，这可能需要1h。如果有带定时器的热水罐，为方便起见，可在开始酿酒前启动加热。

淡色麦芽

琥珀麦芽

玉米片

酒花

麦汁澄清剂

2 提前确定一个不忙的日子来酿酒。先称取各种原辅料，包括麦汁澄清剂或爱尔兰苔藓（如果需要用的话），记好每次添加酒花的数量和煮沸时间。在糖化锅里加进热水并开始加热。

阶段一：糖化

糖化的最佳温度是65~68℃。糖化温度偏高时，生成的可发酵糖较少，酿出的啤酒回甜，酒精度低；糖化温度偏低时，可生成更多的发酵糖，酿出的啤酒更干爽，酒精度更高。一般每2.5L热水中加入1kg谷物，这样可以根据需要稍后再添加热水或者冷水来调节温度。

糖化主要有下列三种类型。

■ 一步浸出法（见下文）：在整个糖化过程中维持温度不变。不管对商业酿酒商还是自酿者来说，这都是最简单、也最常见的糖化方法。

■ 多次休止法：从某个低温开始糖化，然后升温并保温一段时间，再升温和保温一段时间。这种方法能提高从麦芽中获取糖的得率。

■ 煮出法：这种方法通过先取出一部分谷物，单独煮沸后再倒回主糖化锅内，从而实现分阶段升温糖化。上述操作可以重复1次、2次或者3次（分别称为一次、两次或者三次煮出糖化法）。这种糖化法可获取更强烈的谷物风味。

"糖化卡顿"

在混合糖化锅中的不同谷物时，请注意一定不要过分搅拌，因为可能会遇到"糖化卡顿"的现象。"糖化卡顿"是指洗槽的时候麦汁滤出很慢，或者糖化锅的龙头完全被堵死，导致麦汁无法转移到煮沸锅中。如果出现这种情况，轻轻搅动谷物，使其慢慢沉降。这样做肯定要多花些时间，就是说麦芽在糖化锅中的时间可能会超过1h。不过也无须担心，因为对最终啤酒的品质没有明显影响。

一步浸出法糖化 大约1h

3 把热水和谷物按顺序加入糖化锅中，称为"投料"。先通过煮沸锅或热水罐上的龙头加入所需热水，然后缓慢倒入谷物，避免结块或形成干团。

4 用搅拌勺沿糖化锅侧壁轻轻搅动，打散可能形成的结块，注意不要过分搅动。盖上锅盖，静置1h。同时，确保煮沸锅或热水罐里剩余的水温度仍然维持在77℃。

参见58~59页获取更多关于洗槽和煮沸的信息。

阶段二：洗糟

　　谷物浸好以后，需要将糖化生成的可发酵糖冲洗下来，并将麦汁转移到煮沸锅中，这个过程称为"洗糟"。洗糟用水的温度应维持在74~77℃，如果温度过高，谷物中的单宁类物质就会溶出，从而带来苦涩味道；不过，温度过低的话，滤出的麦汁流动性变差，浸出的糖分变少。洗糟时，至少要准备20L洗糟水。

洗糟主要有下列3种方法。

■ 连续洗糟：（具体操作见下文）缓慢地将准备好的洗糟水连续喷洒到谷物上，这种方法从谷物中浸出的糖最多。在将洗糟水喷洒到谷物表面的同时，从糖化锅底部接出同样体积的麦汁。

■ 批次洗糟：将热水分批次加到糖化后的麦糟中，搅拌后浸提20min，然后接收流出的麦汁，再倒回糖化麦糟中过滤谷物残渣。重复上述操作，直到接收的滤液变清澈后，把麦汁注入煮沸锅中。

■ 不洗糟：当选择不洗糟时，糖化麦汁直接流进煮沸锅中。这种方法虽然简单省事，但会丢失很多糖分（这种方法适合酿造特种特浓啤酒。——译者注）。

过度洗糟

　　注意不要过度洗糟。如果你测定洗糟时流出的麦汁比重低至1.010时，意味着谷物中的单宁类物质极有可能开始被浸提出来，这将影响最终啤酒的品质。

　　如果有折光仪（参见51页），可以滴一两滴热麦汁到光学棱镜上面，趁热检测麦汁的比重。仪器会自动校正温度的影响。

连续洗糟 30~40min

5 从糖化锅的龙头收集麦汁，再将其倒回糖化锅中的谷物上面，重复这一操作直到流出的麦汁变得清澈。然后，安装洗糟臂，并将其用水管连接到热水罐上，再用另一根水管将糖化锅的龙头和煮沸锅连接起来。

6 打开热水罐的龙头，开始洗糟。这时，打开糖化锅的龙头，让热麦汁注入煮沸锅的底部，注意不要让麦汁溅起。连续洗糟，直到煮沸锅中麦汁体积达到27L左右。

阶段三：煮沸

　　煮沸锅中已有足够体积的麦汁后，将其煮至翻滚沸腾，并根据配方添加酒花。煮沸过程中，酒花中的 α 酸、风味物质和香气成分被先后提取出来（参见26~29页获取更多关于酒花的信息）。煮沸还起到给麦汁杀菌和浓缩麦汁的作用，同时也有助于去除不需要的蛋白质（参见右侧）。

冷却麦汁

■　煮沸结束后，需要将麦汁尽可能快速冷却至适合接种酵母的温度。快速冷却能防止麦汁受到污染，也不会耽搁酿酒计划。煮沸结束后快速冷却麦汁的最有效方法是使用浸入式冷却器（参见本页步骤8）。这种方法能将麦汁在20min左右冷却到发酵温度（20℃）。冷却器需要在煮沸结束前10min放入煮沸锅中以对其进行杀菌。

■　如果没有冷却器，也没有使用带电气元件的煮沸锅，可以将煮沸锅放进冰水浴中。这是最容易的办法，但是要冷却一整锅麦汁，至少需要1h。

热凝固和冷凝固

　　翻滚沸腾时的高温会形成一种"热凝固物"，而冷却过程中的快速降温则会形成一种"冷凝固物"。这种现象的出现是因为麦汁中的蛋白质从悬浮液中被"挤出"，凝固后，沉降到煮沸锅的底部。这些凝固物的生成防止了蛋白质被转移到发酵容器中，避免最终酿出的啤酒出现"冷浑浊"。

煮沸和冷却麦汁　1.5~2h

当心，冷却器中流出的水可能会很烫！

7 将麦汁加热到翻滚沸腾，等出现热凝固物后，再添加第一份酒花（取其苦味）。然后按照配方中的煮沸方案，依次添加其余酒花（分别取其风味和香气）。

8 煮沸即将结束前，将冷却器放进麦汁中。煮沸结束后，将冷水慢慢通入冷却器中。当麦汁温度降至20~22℃时，将麦汁转移到发酵桶中，这时要把煮沸锅的龙头开到最大，给麦汁充分充氧。

参见60~61页获取更多关于酵母接种的信息。

酵母接种

不管用哪种方法制备麦汁，所有自酿者都必须通过接种（或添加）酵母来启动发酵。发酵数天后，根据配方需要，可能要再添加酒花，这一操作称为"干投酒花"。

酵母接种数量合适是保证发酵顺利进行的关键。如果接种量不足，会给酵母带来压力，延长酵母生长的迟滞期（参见62页），增加感染风险；相反，酵母接种量过多，会产生异味，同时减少啤酒的泡沫量。到底接种多少酵母合适？这主要取决于麦汁的体积和比重以及发酵温度。

- 一般来讲，1包干酵母发酵23L麦汁是足够的。
- 如果麦汁比重较高（比如超过1.060），因为可发酵糖较多，所以需要更多酵母。这时每批次可使用2包干酵母。
- 发酵温度过低时，也可以每批次使用2包干酵母。

酵母种子液

液体酵母种子液是由液体酵母、固态麦芽浸出物和水组成的悬浮液，用来对麦汁进行发酵。制备酵母种子液的目的是，在酵母接种之前，先让酵母细胞繁殖，以达到之后更好的发酵效果。现在网上有多种计算程序可以帮你确定需要多少酵母种子液，更多信息参见219页。

干酵母还是液体酵母

- 干酵母：更耐保存，使用时可直接撒在麦汁表面。只要在其保质期内，并一直冷藏保存，就能保证含足够的活细胞，酿出一批正常的啤酒。
- 液体酵母：与干酵母相反，活细胞数量会随着保存时间的延长而减少。多数情况下，需要在4个月内用完，而且时间越久，酵母活性越差。1瓶常规的市售液体酵母所含活细胞数量，能够满足酿造18L啤酒的需要，所以最好使用酵母种子液（参见图示）。

制备液体酵母种子液 15min，再加2天发酵时间

1 找一个容积比需要制备的种子液体积大1L的容器，比如，锥形瓶就很理想，既可用来煮沸，还可用来冷却。将固态麦芽浸出物（DME）用冷水化开（制备1L种子液需要100g DME）。

2 加水补足所需种子液的体积（比如1L）后，将锥形瓶加热煮沸15min，然后从炉子上移走，用冰水冷却（如果没用锥形瓶或烧瓶，可以用平底锅煮沸，再将冷却麦汁倒入已消毒好的容器）。

干投酒花

接种酵母几天后，主发酵（参见62页）结束，这时再向发酵桶中添加新鲜酒花，这一操作称为"干投酒花"。其好处是可以用相对少量的酒花获取浓郁的酒花香气，因为香气和精油不会随麦汁煮沸时的热汽蒸发掉，也不会被主发酵产生的二氧化碳带走。

■ 接种酵母大约4天后再干投酒花，这时啤酒中已经有酒精存在，而酒精能够杀死酒花带进来的杂菌。另外，这时二氧化碳产生得也很少。

■ 用酒花袋干投酒花，可避免酒花碎粒落到最终啤酒中，还可方便取出酒花。

■ 干酒花一般在1周后取出，时间再长，啤酒中会出现一种类似青草味的异味。

■ 一桶常规数量的啤酒（23L）一般使用25~50g酒花，不过具体用量取决于不同酒花品种的香气强度，尽管做试验好了。

■ 干投酒花这种操作对于采用自酿盒酿酒、麦芽浸出物酿酒或者全麦芽酿酒都适用。

啤酒澄清剂

在酿酒过程中加入澄清剂是为了使啤酒更清澈。这些澄清剂能使液体中悬浮的颗粒聚集在一起，然后沉淀到发酵桶的底部，这样就不会被转移到最终的啤酒中。

添加澄清剂有下列两个关键阶段。

• 煮沸结束前最后10~15min添加，又称"铜锅澄清"（"铜锅"传统上是指煮沸锅）。"铜锅"澄清剂，如麦汁澄清剂或爱尔兰苔藓，能阻止麦芽中的蛋白质转移到发酵桶里，因此广受推荐。

• 发酵结束后添加，以加快最终阶段澄清的速度。商业酿酒商添加澄清剂，是为了缩短啤酒在运输后沉降的时间。但是对于自酿者来说，则取决于每个人自己的选择，因为随时间的延长，啤酒会借助重力变清澈。鱼胶，产自鱼鳔，常用作啤酒澄清剂，但是如果用了鱼胶，啤酒就不再适合素食主义者饮用。

制作液体酵母培养液（具体步骤）

3 加入液体酵母，然后用铝箔裹住锥形瓶（或其他容器）的开口，充分摇匀。静置大约2天，期间定时摇晃以导入大量氧气。等发酵完成后，让酵母絮凝物自然沉淀。

4 接种酵母之前，将锥形瓶（或其他容器）中的液体全部倒走（留下酵母泥）。等发酵桶中的麦汁温度冷却至20~24℃时，加入酵母泥，盖上发酵桶盖，并装上气塞（如果用的话）。

发酵过程

完成了麦汁制备和酵母接种后，接下来的步骤就是发酵了。在发酵过程中，原来不含酒精的甜味液体变成了美味佳酿——啤酒。

发酵过程可分成下列三个关键阶段。

■ 第一个阶段：又称迟滞期或适应期，此时酵母细胞开始繁殖。在这个阶段，麦汁容易受到污染，所以迟滞期越短越好，最好不要超过24h。迟滞期后期，麦汁表面会形成一层乳脂状的泡沫，又称泡盖。

■ 第二个阶段：即主发酵期或降糖期，这时酵母大量发酵麦汁中的糖分，产生酒精和二氧化碳以及其他成分。这个阶段通常持续数天，在此期间，麦汁比重下降，泡盖先增后减。另外，在这个阶段，会看到出现一些不干净的残留物和漂浮的颗粒，甚至闻到刺激性的气味，不过，这些都属于正常现象。

■ 第三个阶段：又称后发酵期或成熟期。在这个阶段，酵母将慢慢去除那些不好的副产物（如醛类和双乙酰等天然化学成分），有助于酿出外观清澈、口感清爽的好啤酒。

氧气与温度

在迟滞期，氧气的存在至关重要。如果没有氧或供氧不足，酵母将无法有效繁殖。对于啤酒自酿者来说，在接种酵母前，通过用力搅拌麦汁并让麦汁溅起，就能给麦汁充入足够的氧气。但是，一定要特别记住，这是整个酿酒过程中唯一一次给啤酒充氧的时机。这一点很重要。

维持合适的麦汁温度有利于促进酵母健康生长，同时也为发酵过程提供适宜的条件。每种酵母菌株只有在特定的温度范围内才能表现其最好的性能，也只有在这个温度范围内，酿酒师才能对啤酒的最终口味进行调整。偏低温度下酿出的啤酒通常口感更清爽，而温度偏高时，则倾向于产生额外的风味化合物。这两种结果都令人期待。

啤酒发酵时，发酵桶液面以上的四周侧壁会出现一些不干净的残留物。

健康发酵小窍门

• 在接种酵母前，确保已为麦汁充入大量的氧气。具体操作如下：在将冷却后的麦汁倒入发酵桶时，应从高处倾倒，让麦汁溅起，然后用力搅拌。

• 为保证发酵快速启动，可在发酵一开始，将温度设定得比配方中的发酵温度略高，等看到发酵启动的迹象后，再调低到正常发酵温度。

• 接种足量的健康酵母。接种量太少的话，发酵迟缓；酵母接种太多，又可能产生异味（参见60页获取更多关于酵母接种量的信息）。

用液体比重计测量比重 5min

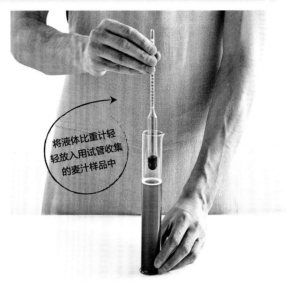

将液体比重计轻轻放入用试管收集的麦汁样品中

1 用液体比重计测量发酵液的比重是确定发酵是否达到终点（即比重数值与预期的最终比重相等）唯一可用的精确方法。为此，首先用已消毒的试管取出部分麦汁样品。

2 用一只手捏住比重计柄杆的顶端，慢慢将比重计放入麦汁中。当比重计到达平衡点时，轻轻松开手，然后等比重计不动。如果有泡沫遮住了比重计的刻度，可以轻轻转动柄杆，把泡沫驱散。

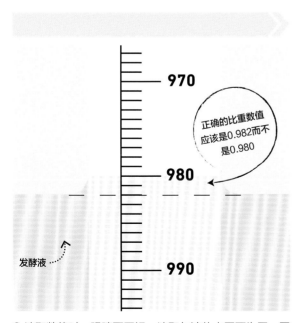

正确的比重数值应该是0.982而不是0.980

发酵液

3 读取数值时，眼睛要平视。读取与液体水平面为同一平面的刻度值，而不是液体与比重计柄杆接触时凸起的那个平面的刻度值。

如何计算啤酒的酒精度？

　　比重测量结果除了能够指示发酵过程是否结束以外，还能用来计算麦汁中有多少糖转化成了酒精，从而确定啤酒的酒精度。先在接种酵母之前测一次比重（初始比重或OG），然后在装瓶或装罐前再测一次比重（最终比重或FG）。这两个数值之差乘以105，就得出以质量分数表示的酒精度。因为多数商业酿酒习惯用体积分数（%，ABV）来表示啤酒的酒精度，要获得这个数值很简单，只需要用质量分数乘以1.25即可。例如：

初始比重 1.050	—	最终比重 1.010	=	0.040
0.040	×	105	=	4.2%
4.2%	×	1.25	=	**5.25% (ABV)**

添加二发糖、倒罐和贮存

添加二发糖是为了提高啤酒的碳酸化水平，然后进行灌装，将啤酒转移到酒桶、酒罐或玻璃瓶中进行成熟，使酒液更澄清，让风味更成熟。

像拉格啤酒和小麦啤酒这些风格的啤酒，最好含有较多二氧化碳和比较丰富的泡沫。而看上去比较平淡的爱尔啤酒，也仍然需要一定量的二氧化碳，产生薄薄的泡沫和淡淡的杀口感。为了提高啤酒的碳酸化水平，需要在啤酒灌装之前加入少量可发酵糖（即二发糖）。

计算二发糖的添加量

要添加多少二发糖，取决于用糖的种类、啤酒的体积和期望获得的二氧化碳含量。最常用的二发糖包括玉米糖（又称酿酒用糖）、蔗糖和固态麦芽浸出物（DME）。下表给出的是每种不同风格的啤酒所需的二氧化碳含量（以单位体积啤酒中二氧化碳所占体积分数表示）以及达到该含量所需添加的二发糖数量。这里假定贮藏温度为20℃。

添加二发糖溶液

给啤酒添加二发糖的最好办法是将二发糖或DME加到少量沸水中溶解，经冷却后，加到发酵桶里，然后用已消毒的汤勺轻轻搅拌，注意不要搅起底部的沉淀物。

将二发糖制成溶液后再添加有助于使二发糖在啤酒里分布更均匀。这种办法比直接向酒瓶里加固态糖更精确，这很重要，因为如果二发糖添加过量的话，会有爆瓶的危险。

啤酒碳酸化水平与二发糖添加量明细表

啤酒风格	二氧化碳含量（%,体积分数）	玉米糖（g/L）	蔗糖（g/L）	固态麦芽浸出物（DME）（g/L）
淡色拉格、博克、淡色爱尔和水果啤酒	2.5	7.4	6.5	8.4
琥珀拉格、淡色混酿和琥珀混酿啤酒	2.4	7	6.1	7.9
深色拉格	2.6	7.9	6.9	8.9
IPA、淡味啤酒，药草和香料啤酒	2	5.1	4.5	5.8
酸爱尔、兰比克爱尔、小麦啤酒和黑麦啤酒	3.75	13.2	11.5	14.9
苦啤酒	1.5	2.8	2.5	3.2
烈性爱尔	1.9	4.7	4.1	5.3
棕色爱尔	1.75	4	3.5	4.5
大麦酒	1.8	4.2	3.7	4.8
世涛和波特	2	5.1	4.5	5.8

倒罐

将啤酒从发酵容器转移到另一个容器，这一操作称为倒罐。新容器可以是另一个独立的、干净的发酵容器，以使啤酒进一步成熟；也可以是酒瓶或酒桶，对啤酒进行贮存。

如果发酵桶带有龙头，只需要简单连上一根长管，另一端放到装酒容器里，打开龙头即可完成倒罐。如果发酵桶不带龙头，可以将长管一端从容器顶部放进去，然后进行虹吸。虹吸时注意不要扰动发酵桶底部的沉淀物，因为最好不让这些杂质也一起转到啤酒中（有的虹吸管自带沉淀物阻挡球，可以防止这些杂质被吸出。参见47页）。

避免酒液溅起

啤酒倒罐时，动作应轻缓，尽可能防止酒液溅起。因为酒液溅起时会吸收氧气，一方面将损害啤酒的风味，另一方面可能会带入杂菌。为了避免倒罐时酒液溅起，可以将倒酒长管的开口端正好插到接酒容器的底部，这样有啤酒流出时，就可以将端口浸没，防止酒液溅起。

贮存

啤酒需要放在合适的容器里进行贮存，直到饮用。有多种贮酒容器可供选择，但要确保每次使用前要将容器清洗干净并彻底消毒。

酒瓶

对多数自酿者来说，酒瓶是贮存啤酒的最好方式：有多种容量规格可选；有塑料的，也有玻璃的；可以冷藏；容易运输等。现在的大多数啤酒瓶都需要配皇冠盖或螺纹帽，不过也有些酒瓶会自带方便开启的摇摆盖。使用酒瓶的不足之处在于，清洗、消毒和灌瓶比较花时间，还会导致碳酸化水平偏高（这对拉格啤酒和小麦啤酒非常适合，但不太适合爱尔啤酒）。最后，不能使用透明酒瓶，以免阳光与酒花反应产生异味。

优点	缺点
• 方便在冰箱贮存	• 前期准备和装瓶时间较长
• 方便运输，是馈赠礼品的理想之选	• 更适合碳酸化水平高的啤酒
• 啤酒能贮存数月之久	

酒瓶

压力桶

这种大型塑料容器的设计承压通常为41kPa。如果压力超过限值，桶顶的泄压阀会释放压力，防止出现爆裂。这种压力桶大多能装25L啤酒。二发糖需要在装桶前加到啤酒中（参见64页）。使用时，随着啤酒不断减少，桶内压力会自然下降，可以通过一个专用气阀向桶内补充二氧化碳。

塑料压力桶

优点	缺点
• 便宜	• 需要贮存在冷库或冰箱，以保证饮用时的合适温度
• 方便清洗和消毒	• 维持啤酒特定的二氧化碳含量比较困难
• 装酒时快速简单	• 由于龙头以下存在死角，会造成一些浪费
• 啤酒可贮存数月之久	
• 通常装有龙头，接酒时无须其他装备	

酒罐

酒罐是在高压下贮存和分配啤酒的较大容器，可以连接单独的二氧化碳气瓶。最常见的类型是不锈钢材质的科尼利厄斯罐（Cornelius keg，如下图），可装19L啤酒，承压达到965kPa，因此能用于装二氧化碳含量很高的啤酒。

优点	缺点
• 耐用，易于清洗、消毒、贮存和冷藏	• 初期投入成本较高
• 可控制二氧化碳含量，非常适合高碳酸化啤酒	• 使用时，操作更复杂一些
• 不需要添加二发糖，沉淀物少，成熟时间短	• 需要贮存在冷库或冰箱，以保证饮用时的温度合适
• 啤酒可贮存数月之久	
• 由于啤酒从桶底排出，所以浪费很少	

科尼利厄斯罐

啤酒酸化技术

快速（麦汁）酸化是用来快速生产酸型啤酒的技术。自酿者最常用的快速酸化方法是锅内酸化。

酸啤酒酸爽清新的口感是通过增加啤酒的酸度产生的。为了做到这一点，将细菌（通常是乳杆菌）加到麦汁中，让细菌利用麦汁中的部分糖分，生成乳酸。酸啤酒的pH大约在3.4，相比之下，未经酸化的啤酒pH大约是4.5。

传统酸化技术

从前的大多数啤酒很可能都是酸的，只不过以不同方式表现而已。随着酿酒科学的发展和酿酒技术的进步，啤酒的酸味被慢慢去除了，以至于后来酸啤酒几乎不存在了。现在，世界上只有为数不多的几家酿酒商，主要在比利时及其周边地区，一直在生产酸啤酒。

用传统方法酿酒时，细菌要么随酿酒酵母一起，要么在主发酵完成以后进入到麦汁中。当时常见的做法是，将这些啤酒转到橡木桶里，放置数月或者经常是数年，以进行成熟。这期间，细菌需要跟酿酒酵母竞争麦汁中的糖分。现如今，酸啤酒再一次进入人们的视野，不过也很容易理解为什么快速酸化技术受到人们的欢迎。

锅内酸化如何操作？　24h

如果没有pH计可以准确测量酸度，可以跳过这个步骤。

1 完成标准糖化和洗糟，收集麦汁。煮沸15min，然后冷却到35℃，或者是所用乳杆菌的发酵温度（见产品使用说明书）。

2 向麦汁中加乳酸直到pH达到4.6。可以先从制作pH4.6的少量样品开始，然后计算一整锅麦汁需要添加多少乳酸。

锅内酸化技术

在众多快速酸化技术中，锅内酸化技术最受青睐。这种方法是将乳酸菌加到完成洗糟后的糖化滤出液中，然后一直等到麦汁达到想要的酸度（通常需要24h左右），再跟平常一样，将麦汁煮沸。这个过程可杀死细菌，防止啤酒变得过酸。

除了操作相对简单以外，锅内酸化还有另外一个优点——避免了乳酸菌与酒花之间发生相互作用。因为大多数乳杆菌菌株不耐受酒花产生的苦味酸，如果跟酒花在一起的话，其酸化啤酒的能力将受到抑制。在煮沸之前将麦汁酸化，意味着酒花在后面添加时，不会影响啤酒的酸度。

避免不愉快风味的产生

锅内酸化也有缺点。因为温热的甜麦汁对于各种杂菌而言都是极好的生存环境，有可能产生不好的异味，有时闻起来像气味很重的奶酪或者臭袜子的味道。

为了保证麦汁不会"窝藏"这些杂菌，可以采取以下办法：将麦汁先煮沸大约15min进行杀菌，然后加入乳杆菌降低pH，再通入CO_2在液面上形成一个阻氧层。这些措施都是为了创造不利于非乳杆菌细菌之类的杂菌生长的环境。

乳杆菌的产品形式

乳杆菌有下列几种产品形式，都可以买到，可添加到麦汁中：

- 自酿啤酒供应商提供的实验室培养的乳杆菌
- 含活菌无脂希腊酸奶
- 未经粉碎的发芽大麦（但是这常会带入杂菌）

大多数乳杆菌菌株的最佳发酵温度是30~40℃。

3 加入乳杆菌（干粉、酸奶或者自制种子液），然后加盖保温，维持锅内麦汁的温度，保证酸化顺利进行。

4 用一根气管或者通过锅底部的龙头向麦汁中通入少量CO_2，然后静置24h，让乳杆菌增加麦汁的酸度。当酸度达到预期后，继续进行正常的麦汁煮沸。

啤酒种类与配方

配方导览

　　无论你是一位执着的"酒花狂热者"，还是更喜欢丰富厚重、酒体饱满的爱尔佳酿，使用下面的配方导览定能找到自己的所爱。本书74~215页给出了所有你想找的啤酒配方以及更多相关知识。

覆盆子小麦啤酒（参见210~211页）

比利时白啤酒（参见194~195页）

法式贮藏啤酒（参见148~149页）

酒花香浓型啤酒

亚麻黄单一酒花爱尔
（参见108页）

尼尔森·苏维单一酒花爱尔
（参见108页）

卡斯卡特单一酒花爱尔
（参见109页）

双倍干投酒花淡色爱尔
（参见120页）

新英格兰IPA（参见122~123页）

60分钟IPA（参见124页）

美式IPA（参见125页）

帝国IPA（参见126页）

黑色IPA（参见127页）

黑麦啤酒（参见193页）

酒体饱满型啤酒

传统博克（参见92~93页）

双料博克（参见94页）

冰馏博克（参见95页）

深色美式拉格
（参见96~97页）

深色慕尼黑（参见98页）

特苦爱尔（参见107页）

塞松（参见115页）

烟熏啤酒（参见118页）

伦敦苦啤（参见140页）

约克郡苦啤（参见141页）

康沃尔锡矿工人爱尔
（参见144页）

苏格兰80先令啤酒
（参见147页）

爱尔兰红色爱尔（参见145页）

冬季暖身啤酒（参见150页）

圣诞爱尔（参见151页）

法式贮藏啤酒
（参见148~149页）

比利时双料（参见155页）

比利时三料（参见156页）

比利时烈性金色爱尔
（参见157页）

橡木风味棕色爱尔
（参见158~159页）

北方棕色爱尔（参见160页）

南方棕色爱尔（参见161页）

老爱尔（参见162~163页）

淡味啤酒（参见164页）

红宝石淡味啤酒（参见165页）

传统博克（参见92~93页）

英式大麦酒
（参见166~167页）

美式大麦酒（参见168页）

棕色波特（参见169页）

烟熏波特（参见170页）

美式世涛（参见177页）

牛奶世涛（参见178~179页）

沙俄帝国世涛（参见180页）

香草波本世涛（参见181页）

蓝莓椰子世涛（参见182页）

咖啡香草枫糖帝国世涛
（参见183页）

拉格啤酒（LAGERS）

　　拉格啤酒是全世界最受欢迎的一类啤酒，消费量巨大。大多数国家都会生产具有自己特色风格的拉格啤酒。

　　拉格啤酒的定义源自酿酒过程中所使用的酵母类型。拉格酵母（巴氏酵母，*Saccharomyces pastorianus*）属于下面发酵类型，所以在发酵过程中会沉降到发酵罐的底部。相反，大多数爱尔酵母在发酵时会上浮到麦汁表面（参见100页）。

低温

　　拉格酵母在较低的发酵温度（通常12℃左右）下表现出最好的性能。发酵之后紧接着是在低温下进行较长时间的后熟，这个低温成熟过程也称为"lagering"。"lager"一词来自德语，意思是"贮藏（窖藏）"。贮藏（窖藏）过程有助于优化发酵过程中产生的很多风味化合物，使啤酒清澈、爽口、风味中性、收口纯净；通常几乎没有什么酒花香气，不过可能会略带香料香。拉格啤酒最好冰镇后饮用，而且要含气（二氧化碳）充足。

自酿拉格

　　对自酿者来说，要酿出好的拉格啤酒是最富挑战性的工作之一。因为除了需要具备精确控制低温的酿造条件之外，产品清新微妙的特征还意味着在酿造过程中任何意外产生的微量异味都会显得十分突出。尽管如此，只要对发酵条件、酵母接种量和卫生清洁等能够给予充分注意，酿出一款完美拉格啤酒仍然是完全可能的。上述条件中最重要的因素当属温度控制，因此对于严谨的拉格啤酒自酿者来说，购置一台酿酒专用冰箱应该是个明智的决定。

淡色拉格

淡色拉格酒精度低，热量也低，麦芽味较淡，拥有如水一般干爽清淡的口感。酿造时经常要用到玉米或大米。

外观： 颜色很浅，像稻草色。

口感： 干、爽，通常口味很淡。有时会有干爽的玉米甜味。

香气： 会有淡淡的辛香型酒花香味，不过酒花香气总体不明显。

酒精度（ABV）： 2.8%~4.2%

欧洲淡色拉格酒精度一般较低，通常采用全麦芽酿造，不添加玉米或大米，因此与美式拉格相比，风味通常更加浓郁。

美式淡色拉格具有非常干爽清淡的口感；少有关键特征风味。

参见74~81页。

比尔森

原产自捷克共和国比尔森市，与其他淡色拉格相比，酒花香气更浓郁，麦芽风味更复杂。

外观： 呈浅稻草色至金黄色，泡沫洁白、细腻，泡持性好。

口感： 有复杂的麦芽风味和轻微的苦味，常有清甜收口。

香气： 有辛香和酒花香气，伴有谷物和麦芽特征的香气。

酒精度（ABV）： 4.2%~6%

捷克比尔森，风味较淡，含气（二氧化碳）充足。

德式比尔森，色泽较深，麦芽风味复杂并带有苦味。

美式比尔森，添加酒花多，还有大米或玉米的谷物特征。

参见82~87页。

琥珀拉格

这款德式拉格带有焙烤麦芽的风味和香气。传统上，这款酒在春季开始酿造，然后经过整个夏天的贮藏后熟。

外观： 呈暗金色至深橙色，水晶般清澈，拥有绵长的米白色泡沫。

口感： 浓郁复杂的麦芽风味与明显的酒花苦味形成平衡。

香气： 轻度烘烤的麦芽香气，几乎闻不出酒花香气。

酒精度（ABV）： 4.5%~5.7%

欧洲琥珀拉格，口味甘甜，混有复杂的麦芽风味。

美式琥珀拉格，酒劲更大，口味更干，酒花特征更明显。

参见88~90页。

博克与深色拉格

博克的典型特征是色泽深、酒精浓度高、有甜味。其他深色拉格呈深琥珀至深黑色。

外观： 色泽深沉而强烈，拥有细腻的米黄色泡沫。

口感： 博克口感顺滑，味道丰富，酒体醇厚，有焦糖特征风味，酒花味显现度低。其他深色拉格可能会有轻微的焦煳味口感，余味清新干爽。

香气： 博克具有重度烤制麦芽的香气，几乎没有酒花香。其他深色拉格可能会带有些许巧克力、焦糖或坚果的香味。

酒精度（ABV）： 4.2%~14%，依风格而定。

博克有多种风格，但均起源于德国。传统博克味道甜，酒精度高，并有淡淡的水果味；双料博克颜色深，酒精度高，苦味重；淡味博克色泽较浅，麦芽味较淡，但是酒花味更浓。

参见91~99页。

这款拉格颜色呈浅稻草色，口感爽口、清新，口味纯净，非常适合冰镇后饮用。而且，由于酒精含量低，是低热量佳酿。

淡色拉格（Light Lager）

麦汁初始比重：1.038　预期最终比重：1.011　总用水量：30.7L

出酒量：	酿造时间：	预估酒精度（ABV）：	苦味值：	色度值：
23L	5周	3.4%	9.4IBU	5.5EBC

糖化

用水量：9.3L　用时：1h　温度：65℃

谷物清单	用量
拉格麦芽	2.81kg
玉米片	939g

煮沸

麦汁总体积：27L　用时：1h 15min

酒花	用量	苦味值（IBU）	何时添加
哈拉道赫斯布鲁克3.5%	20g	8.5	刚煮沸时
哈拉道赫斯布鲁克3.5%	10g	0.8	煮沸结束前5min

其他		
澄清剂	1茶匙	煮沸结束前15min

发酵

温度：12℃　后熟：3℃下4周

酵母
弗曼迪斯 S-189：干拉格酵母

酿酒小贴士

酿造拉格啤酒时，最好以反渗透水（去离子水）为主要用水，这样才能维持理想的糖化pH，并避免产生异味。

这款欧式拉格颜色呈金黄色，酒体饱满，口感顺滑，具有怡人的麦芽风味，收口清爽干净，适合畅饮。

欧式拉格（European Lager）

麦汁初始比重：1.045　预期最终比重：1.015　总用水量：34L

出酒量： 23L	酿造时间： 5周	预估酒精度（ABV）： 4.6%	苦味值： 25.7IBU	色度值： 5.6EBC

糖化

用水量：14L　用时：1h　温度：65℃

谷物清单	用量
比尔森麦芽	3.95kg
大麦片	400g
焦糖比尔森麦芽	135g

煮沸

麦汁总体积：27L　用时：1h 15min

酒花	用量	苦味值（IBU）	何时添加
北酿8%	26g	23.8	刚煮沸时
哈拉道赫斯布鲁克3.5%	12g	1.7	煮沸结束前10min
哈拉道赫斯布鲁克3.5%	15g	0.1	煮沸结束前1min

其他			
澄清剂	1茶匙		煮沸结束前15min

发酵

温度：12℃　后熟：3℃下4周

酵母
怀特实验室WLP830：德式拉格酵母

多种轻度焙烤麦芽为这款酒带来了淡淡的谷物和麦芽香，与中早熟型酒花的轻微苦味和辛香形成了微妙的平衡。

淡色慕尼黑（Munich Helles）

麦汁初始比重：1.049　预期最终比重：1.012　总用水量：32L

出酒量： 23L	酿造时间： 5周	预估酒精度（ABV）： 4.99%	苦味值： 17.1IBU	色度值： 6.3EBC

糖化

用水量：12L　用时：1h　温度：65℃

谷物清单	用量
比尔森麦芽	4.38kg
焦糖比尔森麦芽	200g
维也纳麦芽	175g

煮沸

麦汁总体积：27L　用时：1h 15min

酒花	用量	苦味值（IBU）	何时添加
中早熟哈拉道5%	26g	14.9	刚煮沸时
中早熟哈拉道5%	20g	2.2	煮沸结束前5min

其他			
澄清剂	1茶匙		煮沸结束前15min

发酵

温度：12℃　后熟：3℃下4周

酵母

怀特实验室WLP850：哥本哈根拉格酵母

这款啤酒呈金黄色，带有淡淡的麦芽风味，
并伴有温和的酒花辛香。收口甘甜圆润。

多特蒙德出口型拉格（Dortmunder Export）

麦汁初始比重：1.054　预期最终比重：1.015　总用水量：32.2L

出酒量：	酿造时间：	预估酒精度（ABV）：	苦味值：	色度值：
23L	5周	5.1%	27.2IBU	6EBC

糖化

用水量：13.1L　用时：1h　温度：65℃

谷物清单	用量
比尔森麦芽	5kg
慕尼黑麦芽	250g

煮沸

麦汁总体积：27L　用时：1h 15min

酒花	用量	苦味值（IBU）	何时添加
泰特南4.5%	40g	19.2	刚煮沸时
哈拉道赫斯布鲁克3.5%	26g	3.5	煮沸结束前10min
泰特南4.5%	26g	4.5	煮沸结束前10min
哈拉道赫斯布鲁克3.5%	13g	0.0	煮沸结束时

其他			
澄清剂	1茶匙		煮沸结束前15min

发酵

温度：12℃　后熟：3℃下4周

酵母

W酵母 2124：波西米亚拉格酵母

这款墨西哥淡色拉格清新爽口，是炎炎夏日的饮用佳品。
侍酒时加入一片酸橙，则风味更为纯正。

墨西哥拉格（Mexican Cerveza）

麦汁初始比重：1.046　预期最终比重：1.012　总用水量：31.5L

出酒量：	酿造时间：	预估酒精度（ABV）：	苦味值：	色度值：
23L	5周	4.6%	23.5IBU	5.1EBC

糖化

用水量：11.5L　用时：1h　温度：65℃

谷物清单	用量
比尔森麦芽	3.86kg
焦糖比尔森麦芽	270g
玉米片	450g

煮沸

麦汁总体积：27L　用时：1h 15min

酒花	用量	苦味值（IBU）	何时添加
北酿 8%	14g	12.5	刚煮沸时
水晶3.5%	18g	7.1	煮沸结束前1h
水晶3.5%	28g	3.9	煮沸结束前10min

其他			
澄清剂	1茶匙		煮沸结束前15min

发酵

温度：12℃　后熟：3℃下4周

酵母

怀特实验室WLP940：墨西哥拉格酵母

麦芽浸出物酿酒法

将300g焦糖比尔森麦芽加到27L水中，65℃下浸泡
30min。取出麦芽，加入2.75kg固态淡色麦芽浸出
物，加热至沸腾，然后按上述配方添加酒花。

得益于空知王牌和萨兹这两种酒花的使用，这款拉格的口感极其清新干爽，风味平衡得很好。另外，顾名思义，这款酒在酿造时加入了大米片。

日本大米拉格（Japanese Rice Lager）

麦汁初始比重：1.052　预期最终比重：1.013　总用水量：33L

出酒量：	酿造时间：	预估酒精度（ABV）：	苦味值：	色度值：
23L	5周	5.3%	25IBU	7.3EBC

糖化

用水量：13L　用时：1h　温度：65℃

谷物清单	用量
比尔森麦芽	4.7kg
大米片	500g

煮沸

麦汁总体积：27L　用时：1h 15min

酒花	用量	苦味值（IBU）	何时添加
空知王牌14.9%	13g	21.0	刚煮沸时
空知王牌14.9%	5g	4.0	煮沸结束前15min
萨兹4.2%	5g	0.0	煮沸结束时

其他			
澄清剂	1茶匙		煮沸结束前15min

发酵

温度：12℃　后熟：3℃下4周

酵母
W酵母 2278：捷克比尔森酵母

这款清新的淡色比尔森风味鲜明，伴有捷克萨兹酒花
所特有的辛香和花香。

捷克比尔森（Czech Pilsner）

麦汁初始比重：1.048　预期最终比重：1.014　总用水量：31.6L

出酒量：	酿造时间：	预估酒精度（ABV）：	苦味值：	色度值：
23L	5周	4.4%	25IBU	5EBC

糖化

用水量： 11.6L　**用时：** 1h　**温度：** 65℃

谷物清单	用量
比尔森麦芽	4.66kg

煮沸

麦汁总体积： 27L　**用时：** 1h 15min

酒花	用量	苦味值（IBU）	何时添加
捷克萨兹4.2%	46g	21.9	刚煮沸时
捷克萨兹4.2%	19g	3.1	煮沸结束前10min
捷克萨兹4.2%	19g	0.0	煮沸结束时

其他			
澄清剂	1茶匙		煮沸结束前15min

发酵

温度： 12℃　**后熟：** 3℃下4周

酵母
W酵母 2278：捷克比尔森酵母

麦芽浸出物酿酒法
将3kg固态特浅麦芽浸出物加到27L水中，加热至沸腾，
然后按上述配方添加酒花。

这款比尔森中浓烈的酒精味，与酒花苦味和饼干麦芽及
焦糖麦芽风味之间形成了完美的平衡。

帝国比尔森（Imperial Pilsner）

麦汁初始比重：1.079　预期最终比重：1.022　总用水量：38L

出酒量：	酿造时间：	预估酒精度（ABV）：	苦味值：	色度值：
23L	7周	7.7%	60IBU	10.2EBC

糖化

用水量：19L　用时：1h　温度：65℃

谷物清单	用量
比尔森麦芽	7.25kg
焦糖比尔森麦芽	290g
饼干麦芽	200g

煮沸

麦汁总体积：27L　用时：1h 15min

酒花	用量	苦味值（IBU）	何时添加
中早熟哈拉道5%	110g	25.4	刚煮沸时
中早熟哈拉道5%	73g	5.9	煮沸结束前10min
中早熟哈拉道5%	110g	0.0	煮沸结束时

其他			
澄清剂	1茶匙		煮沸结束前15min

发酵

温度：12℃　后熟：3℃下6周

酵母

W酵母2124：波西米亚拉格酵母

麦芽浸出物酿酒法

将290g焦糖比尔森麦芽和200g饼干麦芽加到27L中水
中，65℃浸泡30min。取出麦芽，加入4.6kg固态特浅
麦芽浸出物，加热至沸腾，然后按上述配方加入酒花。

酿酒小贴士

煮沸时，增加饼干麦芽的用
量（最多500g），啤酒的烘
烤风味和香气会更浓郁。

这款比尔森纯净、爽口，带有相当强烈的酒花苦味。这些风味特征因德国传统用水中硫酸盐含量高而更加突出。

德式比尔森（German Pilsner）

麦汁初始比重：1.046　预期最终比重：1.012　总用水量：31.5L

出酒量： 23L	酿造时间： 5周	预估酒精度（ABV）： 4.5%	苦味值： 30.2IBU	色度值： 5EBC

糖化

用水量：11.3L　用时：1h　温度：65℃

谷物清单	用量
比尔森麦芽	4.55kg

煮沸

麦汁总体积：27L　用时：1h 15min

酒花	用量	苦味值（IBU）	何时添加
斯派尔特精选4.5%	50g	25.7	刚煮沸时
斯派尔特精选4.5%	25g	4.5	煮沸结束前10min
斯派尔特精选4.5%	17g	0.0	煮沸结束时

其他			
澄清剂	1茶匙		煮沸结束前15min

发酵

温度：12℃　后熟：3℃下4周

酵母
W酵母2007：比尔森拉格酵母

麦芽浸出物酿酒法
将2.9kg固态特浅麦芽浸出物加到27L水中，加热至沸腾，然后按上述配方添加酒花。

这款适宜畅饮的比尔森口感醇厚，麦芽风味突出，还伴有萨兹酒花的
怡人辛香和迷人花香，让人欲罢不能。

波西米亚比尔森（Bohemian Pilsner）

麦汁初始比重：**1.051**　预期最终比重：**1.014**　总用水量：**32L**

出酒量：	酿造时间：	预估酒精度（ABV）：	苦味值：	色度值：
23L	4~5周	4.9%	35.4IBU	6.9EBC

糖化

用水量：12.5L　用时：1h　温度：65℃

谷物清单	用量
波西米亚比尔森麦芽	5kg

煮沸

麦汁总体积：27L　用时：1h 15min

酒花	用量	苦味值（IBU）	何时添加
萨兹4.2%	77g	35.4	刚煮沸时
萨兹4.2%	38g	0.0	煮沸结束时

其他			
澄清剂	1茶匙		煮沸结束前15min

发酵

温度：12℃　后熟：3℃下4周

酵母
W酵母2124：波西米亚拉格酵母

这款比尔森酒体金黄，散发着玉米味的麦芽香，与煮沸后期添加的美式酒花所带来的酒花香完美融合。

美式比尔森（American Pilsner）

麦汁初始比重：1.048　预期最终比重：1.012　总用水量：32L

出酒量：	酿造时间：	预估酒精度（ABV）：	苦味值：	色度值：
23L	5周	4.8%	30.6IBU	6.4EBC

糖化

用水量：12L　用时：1h　温度：65℃

谷物清单	用量
拉格麦芽	3.5kg
玉米片	1.3kg

煮沸

麦汁总体积：27L　用时：1h 15min

酒花	用量	苦味值（IBU）	何时添加
克拉斯特7.5%	20g	16.9	刚煮沸时
自由4.5%	15g	2.7	煮沸结束前10min
水晶3.5%	15g	2.1	煮沸结束前10min
自由4.5%	10g	1.0	煮沸结束前5min
水晶3.5%	10g	0.8	煮沸结束前5min
自由4.5%	32g	0.0	煮沸结束时
水晶3.5%	32g	0.0	煮沸结束时

其他			
澄清剂	1茶匙		煮沸结束前15min

发酵

温度：12℃　后熟：3℃下4周

酵母
W酵母2124：波西米亚拉格酵母

这款啤酒拥有典型的拉格啤酒特点：口感纯净，伴有轻度焙烤麦芽的香气。因为维也纳麦芽在制麦过程中经过高温加热，所以赋予啤酒一种独特的风味。

维也纳拉格（Vienna Lager）

麦汁初始比重：1.050　预期最终比重：1.011　总用水量：32L

出酒量：	酿造时间：	预估酒精度（ABV）：	苦味值：	色度值：
23L	5周	5.1%	26.5IBU	19.7EBC

糖化

用水量：12L　用时：1h　温度：65℃

谷物清单	用量
维也纳麦芽	4.16kg
慕尼黑麦芽	670g
黑色素麦芽	125g
巧克力麦芽	50g

煮沸

麦汁总体积：27L　用时：1h 15min

酒花	用量	苦味值（IBU）	何时添加
北酿8%	30g	20.1	刚煮沸时
哈拉道赫斯布鲁克3.5%	15g	0.0	煮沸结束时
泰特南4.5%	15g	0.0	煮沸结束时

其他			
澄清剂	1茶匙		煮沸结束前15min

发酵

温度：12℃　后熟：3℃下4周

酵母

怀特实验室WLP830：德式拉格酵母

酿酒小贴士

如果想获得淡淡的柑橘余味，可以尝试在煮沸结束时把泰特南酒花换成等量的自由酒花。

这款传统德式啤酒一般在春季开始酿造，然后在低温酒窖或山洞里经过整整一个夏天的贮藏，在秋天十月啤酒节的时候尽情畅饮。

十月庆典（Okoberfest）

麦汁初始比重：1.057　预期最终比重：1.017　总用水量：32L

出酒量：	酿造时间：	预估酒精度（ABV）：	苦味值：	色度值：
23L	5周	5.3%	25.2IBU	13.6EBC

糖化

用水量：12L　用时：1h　温度：65℃

谷物清单	用量
维也纳麦芽	4kg
慕尼黑麦芽	800g
焦糖比尔森麦芽	750g
水晶麦芽	100g

煮沸

麦汁总体积：27L　用时：1h15min

酒花	用量	苦味值（IBU）	何时添加
珍珠8%	27g	23.1	刚煮沸时
中早熟哈拉道5%	5g	2.1	煮沸结束前30min

其他			
澄清剂	1茶匙		煮沸结束前15min

发酵

温度：12℃　后熟：3℃下4周

酵母

怀特实验室WLP820：十月庆典酵母

酿酒小贴士

如果能够抵挡住诱惑，最好让这款酒在地窖中贮藏的时间尽可能长一点儿，那样它的风味会变得更加美妙。

这款酒是博克家族的新成员，采用淡味博克酵母进行发酵，余味纯净，饮后唇齿间留有麦芽和酒花的双重风味。

淡味博克（Helles Bock）

麦汁原始比重：1.072　预期最终比重：1.019　总用水量：35L

出酒量：	酿造时间：	预估酒精度（ABV）：	苦味值：	色度值：
23L	7周	7.1%	32IBU	17.5EBC

糖化

用水量：18L　用时：1h　温度：65℃

谷物清单	用量
比尔森麦芽	3.75kg
慕尼黑麦芽	2.47kg
比利时芳香麦芽	600g
黑色素麦芽	250g

煮沸

麦汁总体积：27L　用时：1h 15min

酒花	用量	苦味值（IBU）	何时添加
北酿8%	40g	30.2	刚煮沸时
斯派尔特精选4.5%	10g	2.0	煮沸结束前15min
斯派尔特精选4.5%	8g	0.0	煮沸结束时

其他

澄清剂	1茶匙		煮沸结束前15min

发酵

温度：12℃　后熟：3℃下6周

酵母

W酵母2487：淡味博克酵母

酿酒小贴士

如果没有淡味博克酵母，可以尝试用W酵母2124：波西米亚拉格酵母代替。

这款博克最早于14世纪首次在德国艾恩贝克地区酿造，之后由慕尼黑的酿酒师进行了工艺改进。这是一款色泽较深，酒精味浓烈，麦芽风味明显的拉格啤酒，不过酒花风味和香气都很淡。

传统博克（Traditional Bock）

麦汁初始比重：1.064　预期最终比重：1.015　总用水量：35L

出酒量：	酿造时间：	预估酒精度（ABV）：	苦味值：	色度值：
23L	5周	6.5%	22IBU	29.1EBC

糖化

用水量：19L　用时：1h　温度：65℃

谷物清单	用量
淡色麦芽	2.75kg
慕尼黑麦芽	2.75kg
焦糖比尔森麦芽	550g
特种麦芽B	350g

煮沸

麦汁总体积：27L　用时：1h 15min

酒花	用量	苦味值（IBU）	何时添加
北酿8%	24g	18.9	刚煮沸时
泰特南4.5%	10g	3.2	煮沸结束前30min

其他			
澄清剂	1茶匙		煮沸结束前15min

发酵

温度：12℃　后熟：3℃下4周

酵母

怀特实验室WLP820：十月庆典酵母

与传统博克（参见92页）相比，双料博克酒精更强烈，麦芽香也更浓郁。200多年前，修道士首次酿出这款酒，供斋戒期作为"液体面包"饮用。

双料博克（Doppel Bock）

麦汁初始比重：1.075　预期最终比重：1.021　总用水量：35L

出酒量： 23L	酿造时间： 7周	预估酒精度（ABV）： 7.3%	苦味值： 20.7IBU	色度值： 31.8EBC

糖化

用水量：18.9L　用时：1h　温度：65℃

谷物清单	用量
比尔森麦芽	2.8kg
慕尼黑麦芽	4.2kg
焦糖慕尼黑麦芽2号	286g
卡拉发特种麦芽2号	114g

煮沸

麦汁总体积：27L　用时：1h 10min

酒花	用量	苦味值（IBU）	何时添加
珍珠8%	20g	14.4	刚煮沸时
泰特南4.5%	20g	6.0	煮沸结束前30min

其他			
澄清剂	1茶匙		煮沸结束前15min

发酵

温度：12℃　后熟：3℃下6周

酵母

W酵母2124：波西米亚拉格酵母

冰馏博克口感醇厚浓烈，麦芽香浓郁，色泽深沉，酒精味强劲，余味轻柔绵长，带有巧克力风味，是一款值得好好品味的佳酿。

冰馏博克（Eisbock）

麦汁初始比重：1.113　预期最终比重：1.026　总用水量：40L

出酒量：	酿造时间：	预估酒精度（ABV）：	苦味值：	色度值：
23L	7周	11.8%	30.4IBU	40EBC

糖化

用水量：27L　用时：1h　温度：65℃

谷物清单	用量
淡色麦芽	4.75kg
慕尼黑麦芽	5.7kg
大麦片	380g
巧克力麦芽	100g
卡拉发特种麦芽1号	95g

煮沸

麦汁总体积：27L　用时：1h 15min

酒花	用量	苦味值（IBU）	何时添加
北酿8%	32g	17.4	刚煮沸时
珍珠8%	32g	13.0	煮沸结束前30min

其他			
澄清剂	1茶匙		煮沸结束前15min

发酵

温度：12℃　后熟：3℃下6周

酵母
W酵母2308：慕尼黑拉格酵母

这款美味的深色拉格酿造时添加了少量赫斯布鲁克和珍珠
这两种花香迷人的酒花，口感细腻顺滑，收口清爽。

深色美式拉格（Dark American Lager）

麦汁初始比重：1.055　预期最终比重：1.013　总用水量：33L

出酒量：	酿造时间：	预估酒精度（ABV）：	苦味值：	色度值：
23L	5周	5.6%	19IBU	31.9EBC

糖化

用水量：14L　用时：1h　温度：65℃

谷物清单	用量
比尔森麦芽	3.54kg
慕尼黑麦芽	766g
玉米片	709g
特种麦芽B	300g
中等色度水晶麦芽	153g
卡拉发特种麦芽3号	50g

煮沸

麦汁总体积：27L　用时：1h 15min

酒花	用量	苦味值（IBU）	何时添加
北酿8%	22g	18.9	刚煮沸时
珍珠8%	6g	0.2	煮沸结束前1min
哈拉道赫斯布鲁克3.5%	10g	0.0	煮沸结束时

其他			
澄清剂	1茶匙		煮沸结束前15min

发酵

温度：12℃　后熟：3℃下4周

酵母
W酵母2124：波西米亚拉格酵母

微妙的巧克力味和焦糖味与慕尼黑麦芽醇厚的麦芽甜味完美地融合，成就了这款具有经典特色、焦香浓郁、口感顺滑的拉格啤酒。

慕尼黑深色拉格（Munich Dunkel）

麦汁初始比重：1.055　预期最终比重：1.013　总用水量：33L

出酒量：	酿造时间：	预估酒精度（ABV）：	苦味值：	色度值：
23L	5周	5.5%	27.4IBU	34.4EBC

糖化

用水量：14L　用时：1h　温度：65℃

谷物清单	用量
拉格麦芽	2kg
慕尼黑麦芽	3kg
饼干麦芽	200g
巧克力麦芽	100g
卡拉发特种麦芽2号	80g

煮沸

麦汁总体积：27L　用时：1h 15min

酒花	用量	苦味值（IBU）	何时添加
玛格努姆11%	23g	26.9	刚煮沸时
中早熟哈拉道5%	5g	0.5	煮沸结束前5min
中早熟哈拉道5%	9g	0.0	煮沸结束时

其他

澄清剂	1茶匙		煮沸结束前15min

发酵

温度：12℃　后熟：3℃下4周

酵母

怀特实验室WLP830：德式拉格酵母

酿酒小贴士

如果采用三次煮出糖化法（参见57页）酿造，啤酒的麦芽香会更加浓郁，色泽也会更深。

这款拉格啤酒的颜色跟世涛啤酒一样黑，但是却口感纯净、清新，带有淡拉格的余味。这种奇妙而不同寻常的啤酒，一定会令人惊奇，印象深刻。

黑色拉格（BLack Lager）

麦汁初始比重：1.051　预期最终比重：1.012　总用水量：32L

出酒量：	酿造时间：	预估酒精度（ABV）：	苦味值：	色度值：
23L	5周	5.1%	38IBU	57EBC

糖化

用水量：13L　用时：1h　温度：65℃

谷物清单	用量
淡色麦芽	4.5kg
黑色素麦芽	250g
巧克力麦芽	100g
卡拉发特种麦芽3号	150g

煮沸

麦汁总体积：27L　用时：1h 15min

酒花	用量	苦味值（IBU）	何时添加
世纪8.5%	32g	28.5	刚煮沸时
哈拉道赫斯布鲁克3.5%	54g	9.9	煮沸结束前15min
哈拉道赫斯布鲁克3.5%	46g	0.0	煮沸结束时

其他			
澄清剂	1茶匙		煮沸结束前15min

发酵

温度：14℃　后熟：3℃下4周

酵母

怀特实验室WLP802：捷克拉格酵母

麦芽浸出物酿酒法

将250g黑色素麦芽、100g巧克力麦芽和150g卡拉发特种麦芽3号加到27L水中，65℃浸泡30min。取出麦芽，加入3.3kg固态特浅麦芽浸出物，加热至沸腾，然后按上述配方添加酒花。

爱尔啤酒（ALES）

　　酿造爱尔啤酒操作简单，时间短，室温下就可以完成，而且后熟时间也短，因此它成为自酿者最喜爱的一类啤酒。

　　爱尔啤酒风味浓郁、酿造历史悠久。比如，在中世纪的欧洲，由于缺乏安全、新鲜的饮用水，人们只能靠整日饮用酒精度很低的爱尔啤酒（又称"低醇啤酒"）作为人体所需水分和营养来源的一部分。

上面发酵酵母

　　上面发酵酵母在主发酵过程中会上浮到麦汁表面。现代爱尔大都使用这种酵母，在16~22℃条件下进行发酵。在这样的条件下，酵母会产生许多风味化合物和酯类，从而赋予啤酒丰富而复杂的水果香味和麦芽香味。

麦芽和酒花

　　爱尔啤酒麦汁中的可发酵糖主要来自淡色大麦麦芽，当混入深色麦芽时能获得更多特色。所有爱尔啤酒也都用到数量不等的酒花，主要提供苦味、风味和香气，同时还有助于啤酒保存、调和酒精味道。由于现在有大量不同类型的麦芽和酒花品种可供选择（参见20~29页），所以对于喜欢探索的自酿者而言，爱尔啤酒酿造有着无限多的可能性。

　　爱尔啤酒也适合低温饮用，但不需要冰镇，这样能够让麦芽和酒花的风味及香气得到充分释放。另外，爱尔啤酒一般含气（二氧化碳）量较低，为了真实体现其品质，最好保存在酒桶或酒罐中，并从中取饮，而不太适合灌装在酒瓶中。

淡色爱尔

传统上使用很高比例的淡色麦芽和软水酿造而成，具有顺滑、平衡的苦味。

外观： 浅稻草色至淡金黄色，泡沫层浅薄但持久。

口感： 奶油般顺滑、细腻，伴有淡淡酒花苦味，所用酵母会影响其风味特征。

香气： 具有轻淡的麦芽香和不同酒花品种的特有香气，例如，英国酒花会散发出微妙的花香。

酒精度（ABV）： 4%~6%

英式淡色爱尔，有淡淡的特征性酒花香，苦味不重，收口时有淡淡的奶油糖果味。

比利时淡色爱尔，酒精度数较高，带有比利时酵母所特有的辛辣味。

美式淡色爱尔，有浓郁的酒花香和柑橘味特征，收口纯净、干爽。

参见104~120页。

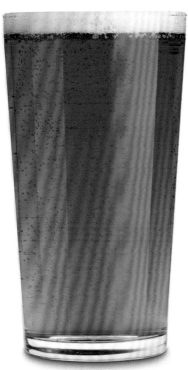

印度淡色爱尔（IPA）

为应对海上长途运输而创造的啤酒类型，所以酒花添加量大，酒精度高。

外观： 淡稻草黄至深金黄色，透明度较高，泡沫浅薄持久。

口感： 强劲而辛辣的酒精味，伴有顺滑的苦味，收口干爽。

香气： 酒花香气适中，也常见麦芽香和焦糖香。

酒精度（ABV）： 5%~7.5%

英式IPA，有微妙的花香和辛香型酒花香。尽管苦味明显，但与酒精味完美融合。

美式IPA，使用大量美国酒花，因此具有强烈的柑橘味酒花香气。酒精度比英式IPA更高，所以酒花苦味也更重。

参见121~135页。

酸爱尔与兰比克爱尔

这类爱尔啤酒因为使用野生酵母，所以产生酸味，这种酸与水果味或辛辣味完美融合。

外观： 随种类而变，不过经常呈水果颜色；通常相当浑浊；有奶油般的泡沫层。

口感： 依种类而定，不过一般是甜酸味，尖锐且特征明显。

香气： 有浓郁水果香，常带有辛辣感。

酒精度（ABV）： 3.2%~7%

比利时酸爱尔，酒精度一般较高，颜色较深，经过长时间贮藏熟化，风味醇厚、复杂，如同上好的红葡萄酒。

德国酸爱尔，味酸，色泽较浅，呈柠檬黄，带有温和的水果味，含气（二氧化碳）量足，收口干爽。酒精度较低，有奶油状泡沫层且较为持久。

参见136~139页。

苦啤酒

多为商业酿酒商出品，味苦，二氧化碳含量低，通过手压泵从桶中取饮最佳。

外观： 淡金色至深铜色，澄清度高，泡沫少。

口感： 苦味重于甜味，但是还能完美地融合，常见焦糖味或清淡水果味。

香气： 中度至轻度酒花香，伴有麦芽香，有时有焦糖味。

酒精度（ABV）： 3.2%~6%

英式苦啤酒，酒花添加量少，酒精度偏低，收口有水果般甜味。

苏格兰苦啤酒，在较低温度下发酵，酒体清澈，口感干爽。

参见140~147页。

烈性爱尔

烈性爱尔常常是为特定场合而酿造的高酒精度啤酒，最好适量饮用。多数情况下，产品品质得益于较长的后熟期和陈酿期。

外观： 浅铜色至深红色，泡沫持久，呈米白色。酒体有时轻度浑浊。

口感： 依品种不同而变，不过通常有辛辣味和麦芽味，并伴有发酵产生的水果香味。

香气： 酒花香气很少或几乎没有，但有麦芽和焦糖的特征性香气。

酒精度（ABV）： 6%~9%

英式烈性爱尔，经常是加入药草和香料酿制而成的美味复合型啤酒，酒精味强劲，呈深琥珀色。

比利时烈性爱尔，全年酿造，颜色浅，有明显的辛辣味和特有酵母菌株产生的香气。

参见148~157页。

棕色爱尔

一种产量日渐稀少的传统英式啤酒。主要产区在英格兰北部，其他地区需求不多。

外观： 深琥珀色至红棕色，泡沫层呈米黄色。

口感： 坚果味，伴有焦糖味和饼干味。苦味适中，与甜味融合得较好。

香气： 轻微酒花香气，有明显的麦芽香和焦糖香。

酒精度（ABV）： 2.8%~5.4%

英国北部棕色爱尔，酒精度高，具有麦芽香和坚果味；而南部棕色爱尔的色泽更深，味道更甜，酒精度数较低。

美式棕色爱尔，与英国北部棕色爱尔相比，酒精度更高，使用更多麦芽和酒花，经常使用具有柑橘特征风味的美国酒花。

参见158~163页。

淡味啤酒

麦汁比重低、风味淡、适合大量饮用的一类啤酒。尽管越来越少见，但在英国部分地区依然深受喜爱。

外观： 深铜色至深棕色，泡沫轻薄，持久性差。

口感： 口味清淡，伴有淡淡的酒花味；酒精度数低，但风味出众。

香气： 几乎没有酒花香；带有焦糖、饼干和烘烤的特征香气。

酒精度（ABV）： 2.8%~4.5%

传统上来说，淡味啤酒主要在英国中部地区流行，因口感清新，价格低廉，成为当地工厂工人消费的主要饮品。

参见164~165页。

大麦酒

之所以这么命名（barley wine），是因为这种酒的酒精度特别高，且有强烈的复杂风味，常让人与葡萄酒（wine）联系起来。

外观： 深金色至深琥珀色。由于酒精含量高，所以晃动时会出现挂杯现象。

口感： 甜味和复合麦芽味中混合了焦糖、果脯、坚果和太妃糖的味道。

香气： 有些酒花香，伴有强烈的麦芽和焦糖特征香气。年份佳酿几乎跟雪莉酒一般。

酒精度（ABV）： 8%~12%

英式大麦酒，有强烈的水果和焦糖复合风味。轻微的苦味和酒花风味，与高酒精度完美融合。

美式大麦酒，酒花苦味较重，与复合麦芽风味相融合，常带有柑橘特征风味。

参见166~168页。

波特

起源于18世纪的伦敦，传承自棕色爱尔，街道和码头搬运工（porter）很喜欢饮用这款啤酒，由此得名。

外观： 深棕色或黑色。

口感： 轻淡的烘烤味，浓郁的麦芽味，偶有甘草味。

香气： 烘烤香味，伴有淡淡的巧克力特征香，麦芽香以及微妙的烟熏风味。

酒精度（ABV）： 4%~7%

波罗的海波特，起源于波罗的海各国，通常酒精度较高，带有甜麦芽特征味道。常常像拉格啤酒一样采用下面发酵方式酿造。

参见169~173页。

世涛

与波特关系密切，最早被称为"世涛波特"，是一种更浓烈的波特，酒体饱满，色泽很深。

外观： 极深棕色至墨黑色。常在充氮后饮用，具有浓稠的、奶油状、红褐色泡沫层，杀口感较弱。

口感： 有烘烤和焦糊苦味，奶油般顺滑口感，轻到中度的酒花苦味。

香气： 有烘烤后的咖啡香，偶有类似巧克力的特征香味，几乎没有酒花香。

酒精度（ABV）： 4%~7%

爱尔兰世涛，是一种经典干世涛，其浓稠奶油状的泡沫层相当出名。

伦敦世涛，与其他各种世涛相比，麦汁浓度较低，口感相当甜。

美国世涛，具有强烈的酒花苦味和酒花香气。

参见174~183页。

这款酒口感特别清爽，带有协调的麦芽余味；银河和韦特两种酒花赋予其怡人的柑橘风味和芳香。

春季啤酒（Spring Beer）

麦汁初始比重： 1.046　**预期最终比重：** 1.012　**总用水量：** 31.5L

出酒量： 23L	酿造时间： 5周	预估酒精度（ABV）： 4.5%	苦味值： 34.6IBU	色度值： 9.3EBC

糖化

用水量： 11.25L　**用时：** 1h　**温度：** 65℃

谷物清单	用量
淡色麦芽	4kg
慕尼黑麦芽	500g

煮沸

麦汁总体积： 27L　**用时：** 1h 10min

酒花	用量	苦味值（IBU）	何时添加
银河14.4%	30g	34.6	刚煮沸时
银河14.4%	30g	0.0	煮沸结束时
韦特4.5%	30g	0.0	煮沸结束时

其他			
澄清剂	1茶匙		煮沸结束前15min

发酵

温度： 18℃　**后熟：** 12℃下4周

酵母

W酵母1275：泰晤士河谷爱尔酵母

酿酒小贴士

若想获得额外的水果香味，可以尝试在发酵桶中干投（参见第61页）25g韦特酒花，浸泡4天。

这款色泽黄褐、有麦芽风味的爱尔，因为煮沸时加入了接骨木干花，其入口时带有微妙（肯定是）的水蜜桃果香味。

接骨木花爱尔（Elderflower Ale）

麦汁初始比重：1.045　预期最终比重：1.011　总用水量：31.5L

出酒量：	酿造时间：	预估酒精度（ABV）：	苦味值：	色度值：
23L	5周	4.5%	36.6IBU	13.5EBC

糖化

用水量：11.2L　用时：1h　温度：65℃

谷物清单	用量
淡色麦芽	4.3kg
中等色度水晶麦芽	100g
巧克力麦芽	16g

煮沸

麦汁总体积：27L　用时：1h 10min

酒花	用量	苦味值（IBU）	何时添加
挑战者7%	56g	31.5	刚煮沸时
法格尔4.5%	28g	5.1	煮沸结束前10min
挑战者7%	17g	0.0	煮沸结束时

其他			
澄清剂	1茶匙		煮沸结束前15min
接骨木干花	15g		煮沸结束前15min

发酵

温度：20℃　后熟：12℃下4周

酵母

W酵母1275：泰晤士河谷爱尔酵母

麦芽浸出物酿酒法

将100g中等色度水晶麦芽和16g巧克力麦芽加到27L水中，65℃浸泡30min。取出谷物，然后加入2.75kg固态麦芽浸出物，加热至沸腾，再按上述配方添加酒花和接骨木干花。

这款怡人的淡色爱尔，是专为庆祝秋天粮食丰收、预告季节更替而酿制的庆典专用酒。
口感清新爽口，带有谷物风味和柑橘余味。

丰收淡色爱尔（Harvest Pale Ale）

麦汁初始比重：1.041　预期最终比重：1.010　总用水量：31.5L

出酒量： 23L	酿造时间： 5周	预估酒精度（ABV）： 4.2%	苦味值： 41IBU	色度值： 11EBC

糖化

用水量：10.25L　用时：1h　温度：65℃

谷物清单	用量
拉格麦芽	3.7kg
维也纳麦芽	200g
水晶小麦麦芽	200g

煮沸

麦汁总体积：27L　用时：1h 10min

酒花	用量	苦味值（IBU）	何时添加
玛格努姆16%	21g	39.3	刚煮沸时
威廉麦特6.3%	7g	1.8	煮沸结束前10min
威廉麦特6.3%	20g	0.0	煮沸结束时
卡斯卡特6.6%	20g	0.0	煮沸结束时

其他

澄清剂	1茶匙		煮沸结束前15min

发酵

温度：18℃　后熟：12℃下4周

酵母

怀特实验室WLP060：美式爱尔混合酵母

特苦（ESB，即"Extra Special Bitter"）爱尔是一款经典的优级淡色爱尔。口感浓烈，有麦芽味，收口时带有淡淡的水果和焦糖余味，饮用后容易留下深刻印象！

特苦爱尔（ESB Ale）

麦汁初始比重：1.054　预期最终比重：1.016　总用水量：32.5L

出酒量： 23L	酿造时间： 5周	预估酒精度（ABV）： 5.1%	苦味值： 32.5IBU	色度值： 16.2EBC

糖化

用水量：13.5L　用时：1h　温度：65℃

谷物清单	用量
淡色麦芽	5kg
中等色度水晶麦芽	224g
烘干小麦	115g
巧克力麦芽	17g

煮沸

麦汁总体积：27L　用时：1h 10min

酒花	用量	苦味值（IBU）	何时添加
挑战者7%	38g	28.4	刚煮沸时
东肯特戈尔丁5.5%	20g	4.1	煮沸结束前10min
法格尔4.5%	13g	0.0	煮沸结束时

其他			
澄清剂	1茶匙		煮沸结束前15min

发酵

温度：20℃　后熟：12℃下4周

酵母
W酵母1187：灵伍德爱尔酵母

麦芽浸出物酿酒法
将224g中等色度水晶麦芽和17g巧克力麦芽加到27L水中，65℃浸泡30min。取出麦芽，加入3kg固态麦芽浸出物和250g固态小麦麦芽浸出物，加热至沸腾，然后按上述配方添加酒花。

这里给出了5种不同的单一酒花爱尔啤酒配方。每一种配方中糖化和发酵阶段的操作相同，但是在煮沸阶段分别选择添加不同的单一品种酒花。

单一酒花爱尔（Single Hop Ales）

麦汁初始比重：1.050　预期最终比重：1.012　总用水量：32L

出酒量：	酿造时间：	预估酒精度（ABV）：	苦味值：	色度值：
23L	7周	5.9%	40IBU	10EBC

糖化

用水量：12.3L　用时：1h　温度：65℃

谷物清单	用量
淡色麦芽	4.7kg
焦糖比尔森麦芽	235g

煮沸

麦汁总体积：27L　用时：1h 10min

亚麻黄酒花
辛辣，有强烈的柑橘香气。

酒花	用量	苦味值（IBU）	何时添加
亚麻黄5%	54g	29.9	刚煮沸时
亚麻黄5%	27g	7.2	煮沸结束前15min
亚麻黄5%	27g	2.9	煮沸结束前5min
亚麻黄5%	83g	0.0	煮沸结束时

尼尔森·苏维酒花
香气与长相思葡萄相似，带有黑醋栗香气特征。

酒花	用量	苦味值（IBU）	何时添加
尼尔森·苏维12.5%	22g	29.9	刚煮沸时
尼尔森·苏维12.5%	11g	7.2	煮沸结束前15min
尼尔森·苏维12.5%	11g	2.9	煮沸结束前5min
尼尔森·苏维12.5%	33g	0.0	煮沸结束时

萨兹酒花

有特征性花香和辛香。

酒花	用量	苦味值（IBU）	何时添加
萨兹4.2%	64g	29.9	刚煮沸时
萨兹4.2%	32g	7.2	煮沸结束前15min
萨兹4.2%	32g	2.9	煮沸结束前5min
萨兹4.2%	99g	0.0	煮沸结束时

卡斯卡特酒花

有优秀的花香和柑橘味，略带西柚香味。

酒花	用量	苦味值（IBU）	何时添加
卡斯卡特6.6%	41g	29.9	刚煮沸时
卡斯卡特6.6%	20g	7.2	煮沸结束前15min
卡斯卡特6.6%	20g	2.9	煮沸结束前5min
卡斯卡特6.6%	63g	0.0	煮沸结束时

东肯特戈尔丁酒花

有微妙的花香和辛香。

酒花	用量	苦味值（IBU）	何时添加
东肯特戈尔丁5.5%	49g	29.9	刚煮沸时
东肯特戈尔丁5.5%	24g	7.2	煮沸结束前15min
东肯特戈尔丁5.5%	24g	2.9	煮沸结束前5min
东肯特戈尔丁5.5%	75g	0.0	煮沸结束时

其他

澄清剂		1茶匙	煮沸结束前15min

发酵

温度：18℃   后熟：12℃下6周

酵母

W酵母1056：美式爱尔酵母

麦芽浸出物酿酒法

将300g焦糖比尔森麦芽加到27L水中，65℃浸泡30min。然后取出麦芽，加入3.3kg固态小麦麦芽浸出物，加热至沸腾，然后按上述配方添加所选定的酒花。

这款爱尔啤酒色泽金黄，花香迷人。因为酿造时麦汁浓度较低，
所以成品酒的酒精度也不高，是一款很棒的社交型爱尔。

淡色爱尔（Pale Ale）

麦汁初始比重：1.041　预期最终比重：1.012　总用水量：31.5L

出酒量：	酿造时间：	预估酒精度（ABV）：	苦味值：	色度值：
23L	5周	3.8%	26IBU	7.1EBC

糖化

用水量：11L　用时：1h　温度：65℃

谷物清单	用量
特浅麦芽	4.3kg
淡色水晶麦芽	95g

煮沸

麦汁总体积：27L　用时：1h 10min

酒花	用量	苦味值（IBU）	何时添加
挑战者7%	35g	26	刚煮沸时
东肯特戈尔丁5.5%	23g	0.0	煮沸结束时
施蒂利亚戈尔丁4.5%	16g	0.0	煮沸结束时

其他			
澄清剂	1茶匙		煮沸结束前15min

发酵

温度：18℃　后熟：12℃下4周

酵母
怀特实验室WLP005：英式爱尔酵母

麦芽浸出物酿酒法

将95g淡色水晶麦芽加到27L水中，65℃浸泡30min。
取出麦芽，加入2.75kg固态特浅麦芽浸出物，加热至沸
腾，然后按上述配方添加酒花。

这款美味、浓烈、清新的爱尔啤酒，收口干爽。蜂蜜赋予了酒体干爽的口感，
而不是甘甜余味，不过仍然带来了明显的蜂蜜特征性风味。

蜂蜜爱尔（Honey Ale）

麦汁初始比重：1.057　预期最终比重：1.011　总用水量：34L

出酒量：	酿造时间：	预估酒精度（ABV）：	苦味值：	色度值：
23L	5周	6.2%	10IBU	16.2EBC

糖化

用水量：12.5L　用时：1h　温度：65℃

谷物清单	用量
淡色麦芽	4.5kg
饼干麦芽	350g
中等色度水晶麦芽	250g

煮沸

麦汁总体积：27L　用时：1h 15min

酒花	用量	苦味值（IBU）	何时添加
挑战者7%	12g	9.6	刚煮沸时
塔盖特10.5%	8g	0.4	煮沸结束前1min

其他			
澄清剂	1茶匙		煮沸结束前15min
蜂蜜	500g		煮沸结束前5min

发酵

温度：18℃　后熟：12℃下4周

酵母
丹斯塔 诺丁汉：干型爱尔酵母

麦芽浸出物酿酒法
将350g饼干麦芽和250g水晶麦芽加到27L水中，65℃
浸泡30min。然后取出麦芽，加入2.85kg固态淡色麦芽
浸出物，加热至沸腾，再按上述配方添加酒花。

自公元前2000年起，苏格兰已经开始用石楠枝酿造这种爱尔啤酒，传统上称为"弗兰奇"（Fraoch）。这款爱尔啤酒呈怡人的金黄色，带有药草和青草味，余味略带辛辣。

石楠爱尔（Heather Ale）

麦汁初始比重：1.051　预期最终比重：1.014　总用水量：32.5L

出酒量：	酿造时间：	预估酒精度（ABV）：	苦味值：	色度值：
23L	4周	5.9%	25IBU	9.1EBC

糖化

用水量：12.7L　用时：1h　温度：65℃

谷物清单	用量
淡色麦芽	4.34kg
焦糖麦芽	500g
水晶小麦麦芽	200g

煮沸

麦汁总体积：27L　用时：1h 10min

酒花	用量	苦味值（IBU）	何时添加
戈尔丁5.5%	41g	2.5	刚煮沸时
戈尔丁5.5%	20g	0.0	煮沸结束时

其他			
新鲜石楠枝	75g		刚煮沸时
澄清剂	1茶匙		煮沸结束前15min
新鲜石楠枝	75g		煮沸结束时

发酵

温度：18℃　后熟：12℃下4周

酵母
怀特实验室WLP028：爱丁堡爱尔酵母

麦芽浸出物酿酒法

将500g焦糖麦芽和200g水晶小麦麦芽加到27L水中，65℃浸泡30min。然后取出麦芽，加入2.8kg固态淡色麦芽浸出物，加热至沸腾，再按上述配方添加酒花和其他辅料。

酿酒小贴士

煮沸结束时，尝试加入20g香杨梅（一种落叶灌木），使啤酒苦中带甜，兼有松香特色。

比起它的两位兄长——比利时双料和比利时三料啤酒（参见155~156页），这款比利时淡色爱尔口味更淡，也更易饮。淡色麦芽与清淡型酒花形成了完美的风味平衡。

比利时淡色爱尔（Belgian Pale Ale）

麦汁初始比重： 1.051　**预期最终比重：** 1.013　**总用水量：** 32.5L

出酒量：	酿造时间：	预估酒精度（ABV）：	苦味值：	色度值：
23L	5周	5.1%	25IBU	16.7EBC

糖化

用水量： 12.8L　**用时：** 1h　**温度：** 65℃

谷物清单	用量
比利时淡色麦芽	4.6kg
焦糖慕尼黑麦芽1号	500g

煮沸

麦汁总体积： 27L　**用时：** 1h 10min

酒花	用量	苦味值（IBU）	何时添加
戈尔丁5.5%	38g	22.9	刚煮沸时
萨兹4.2%	13g	2.1	煮沸结束前10min
萨兹4.2%	38g	0.0	煮沸结束时

其他			
澄清剂	1茶匙		煮沸结束前15min

发酵

温度： 20℃　**后熟：** 12℃下4周

酵母
W酵母3522：比利时阿登山爱尔酵母

麦芽浸出物酿酒法

将500g焦糖慕尼黑麦芽1号加到27L水中，65℃浸泡30min。然后取出麦芽，加入2.9kg固态淡色麦芽浸出物，加热至沸腾，再按上述配方添加酒花。

酿酒小贴士

若希望获得更浓郁的水果味，可以将酵母换成W酵母3942比利时小麦酵母。

塞松作为最初在比利时法语区酿造的一类夏季爱尔啤酒，口感清新，辛辣刺激，还带有浓烈的柑橘风味。

塞松（Saison）

麦汁初始比重：1.051　预期最终比重：1.010　总用水量：32L

出酒量：23L	酿造时间：5周	预估酒精度（ABV）：5.6%	苦味值：16IBU	色度值：17.1EBC

糖化

用水量：12.3L　用时：1h　温度：65℃

谷物清单	用量
比尔森麦芽	3.57kg
慕尼黑麦芽	890g
小麦麦芽	180g
特种麦芽B	135g
焦糖慕尼黑麦芽2号	135g

煮沸

麦汁总体积：27L　用时：1h 10min

酒花	用量	苦味值（IBU）	何时添加
玛格努姆11%	13g	16.4	刚煮沸时
斯蒂里亚戈尔丁西莉亚5.5%	20g	0.0	煮沸结束时

其他			
澄清剂	1茶匙		煮沸结束前15min
蜂蜜	200g		煮沸结束前5min

发酵

温度：24℃　后熟：12℃下4周

酵母

W酵母3724：比利时塞松酵母

酿造小贴士

为保证发酵更彻底（发酵糖转化为酒精的程度更高），可在发酵4天后将温度升至28℃。

传统科威克农家爱尔啤酒用浸泡过杜松枝的水酿造而成。下面这个酿造方法虽然更容易，但仍然能做出来毫不逊色的佳酿。

科威克农家爱尔（Kveik Farmhouse Ale）

麦汁初始比重：1.050　预期最终比重：1.008　总用水量：32.5L

出酒量：23L	酿造时间：3周	预估酒精度（ABV）：5.5%	苦味值：21IBU	色度值：7.1EBC

糖化

用水量：13.5L　用时：1h　温度：65℃

谷物清单	用量
比尔森麦芽	4kg
小麦麦芽	500g
斯佩尔特小麦麦芽	500g
焦糖比尔森麦芽	400g

煮沸

麦汁总体积：27L　用时：1h 15min

酒花	用量	苦味值（IBU）	何时添加
奇努克13.1%	5g	9.2	刚煮沸时
奇努克13.1%	5g	7	煮沸结束前10min
奇努克13.1%	5g	4.9	煮沸结束时

其他			
澄清剂	1茶匙		煮沸结束前15min
云杉枝	50g		煮沸结束前10min
云杉枝	50g		煮沸结束时

发酵

温度：20℃　后熟：10℃下2周

酵母
欧米伽酵母OYL061：沃斯科威克酵母

酿酒小贴士

使用新鲜枝条，并尽可能破碎成小段，使木质香气更加浓郁。

在这款啤酒中，来自榉木熏烤麦芽所释放出的淡淡烟熏味，
与美式酒花的相橘味以及酵母产生的纯净余味达到完全融合。

烟熏啤酒（Somked Beer）

麦汁初始比重：1.051　预期最终比重：1.012　总用水量：32L

出酒量： 23L	酿造时间： 6周	预估酒精度（ABV）： 5.1%	苦味值： 30.2IBU	色度值： 23.6EBC

糖化

用水量：12.7L　**用时：**1h　**温度：**65℃

谷物清单	用量
淡色麦芽	4kg
烟熏麦芽	700g
中等色度水晶麦芽	300g
卡拉发特种麦芽2号	70g

煮沸

麦汁总体积：27L　**用时：**1h 10min

酒花	用量	苦味值（IBU）	何时添加
奇努克13.3%	18g	25.9	刚煮沸时
威廉麦特6.3%	18g	4.3	煮沸结束前15min
威廉麦特6.3%	18g	0.0	煮沸结束时

其他

澄清剂	1茶匙		煮沸结束前15min

发酵

温度：18℃　**后熟：**12℃下4周

酵母

W酵母1056：美式爱尔酵母

酿酒小贴士

为使啤酒获得正宗的木桶
陈酿特征风味，可以尝试
在发酵3天后向发酵桶中
加入100g橡木片，浸泡1周
后取出。

传统神父啤酒是比利时修道士酿造的自饮品。这种啤酒看起来平淡，颜色也浅，却风味浓郁，出人意料。

神父啤酒（Patersbier）

麦汁初始比重：1.046　预期最终比重：1.010　总用水量：31.5L

出酒量：	酿造时间：	预估酒精度（ABV）：	苦味值：	色度值：
23L	4周	4.7%	16.4IBU	5.7EBC

糖化

用水量：11.25L　用时：1h　温度：65℃

谷物清单	用量
比利时比尔森麦芽	4.5kg

煮沸

麦汁总体积：27L　用时：1h 10min

酒花	用量	苦味值（IBU）	何时添加
萨兹4.2%	30g	14.4	刚煮沸时
中早熟哈拉道5%	10g	2.0	煮沸结束前10min

其他			
澄清剂	1茶匙		煮沸结束前15min

发酵

温度：22℃　后熟：12℃下3周

酵母
W酵母3787：高浓度修道院爱尔酵母

麦芽浸出物酿酒法
在27L水中加入2.9kg固态淡色麦芽浸出物，加热至沸腾，再按上述配方添加酒花。

酿酒小贴士

可以尝试在煮沸过程中把中早熟哈拉道酒花换成更多的萨兹酒花，这会使啤酒的花香稍微再突出一些。

这款啤酒超级浑浊，干投了大量酒花。
口感轻柔饱满，简直就像喝果汁！

双倍干投酒花淡色爱尔（Double Dry Hopped Pale Ale）

麦汁初始比重：1.049　预期最终比重：1.010　总用水量：32L

出酒量： 23L	酿造时间： 5周	预估酒精度（ABV）： 5.2%	苦味值： 29.6IBU	色度值： 7.5EBC

糖化

用水量：13L　用时：1h　温度：65℃

谷物清单	用量
淡色麦芽	3.5kg
小麦麦芽	1.5kg
焦糖比尔森麦芽	300g

煮沸

麦汁总体积：13L　用时：1h 15min

酒花	用量	苦味值（IBU）	何时添加
西姆科13.8%	50g	17	煮沸结束时
亚麻黄10%	50g	12.6	煮沸结束时

其他			
澄清剂	1茶匙		煮沸结束前15min

发酵

温度：18℃　后熟：4℃下4周

酵母

W酵母1318：伦敦爱尔酵母3号

酒花	用量	何时添加
西楚13.8%	150g	酿造结束前最后3天
银河14.5%	150g	酿造结束前最后3天

酿酒小贴士

为获得更浓郁的水果香，可尝试在麦汁比重达到1.020时加入一半的干投酒花，剩余的酒花在达到最终比重时再投入。

19世纪时，这款IPA最先在英格兰酿造，并用于出口。IPA（Indian Pale Ale）在当时属于高酒精度啤酒，又添加了大量酒花，这实际上对啤酒起到了保藏作用，有助于海上长途运输。

英式 IPA（English IPA）

麦汁初始比重：1.060　预期最终比重：1.017　总用水量：33L

出酒量：	酿造时间：	预估酒精度（ABV）：	苦味值：	色度值：
23L	5周	5.7%	60.1IBU	13EBC

糖化

用水量：13.9L　用时：1h　温度：65℃

谷物清单	用量
淡色麦芽	5.8kg
水晶麦芽	145g

煮沸

麦汁总体积：27L　用时：1h 10min

酒花	用量	苦味值（IBU）	何时添加
挑战者7%	70g	50.5	刚煮沸时
戈尔丁5.5%	35g	9.5	煮沸结束前15min
戈尔丁5.5%	35g	0.0	煮沸结束时

其他			
澄清剂	1茶匙		煮沸结束前15min

发酵

温度：18℃　后熟：12℃下4周

酵母
W酵母1187：灵伍德爱尔酵母

麦芽浸出物酿酒法

将145g水晶麦芽加到27L水中，65℃浸泡30min。然后取出麦芽，加入3.7kg固态淡色麦芽浸出物，加热至沸腾，再按上述配方添加酒花。

酿酒小贴士

发酵4天后，将发酵温度每天升高1℃，直到22℃。这样有助于获得理想的发酵度（可发酵糖转化为酒精的程度）。

这款极其受欢迎的新型IPA主要有以下三大特征：超级柔和的苦味，浑浊、厚重、奶油般的口感，大量干投酒花的风味。

新英格兰 IPA（New England IPA）

麦汁初始比重：**1.053**　预期最终比重：**1.009**　总用水量：**33.5L**

出酒量： 23L	酿造时间： 3周	预估酒精度（ABV）： 5.9%	苦味值： 29.9IBU	色度值： 8.3EBC

糖化

用水量：**14.5L**　用时：**1h**　温度：**66℃**

谷物清单	用量
比尔森麦芽	4kg
燕麦片	1kg
维也纳麦芽	500g
焦糖比尔森麦芽	250g

煮沸

麦汁总体积：**27L**　用时：**1h 15min**

酒花	用量	苦味值（IBU）	何时添加
西姆科13.8%	50g	17.3	煮沸结束时
亚麻黄10.1%	50g	12.6	煮沸结束时

其他

澄清剂	1茶匙		煮沸结束前15min

发酵

温度：**20℃**　后熟：**10℃下2周**

酵母

W酵母1318：伦敦爱尔酵母3号

酒花	用量	何时添加
西楚13.8%	150g	酿造结束前最后3天
银河14.5%	100g	酿造结束前最后3天

酿酒小贴士

这款IPA很容易氧化，因此发酵结束后应确保发酵液中的氧含量维持在绝对低的水平。另外，建议低温贮存，趁新鲜时饮用。

分多次添加三种不同酒花，赋予了这款IPA浓烈、复杂却相当协调的风味和香气，绝对是"酒花狂热者"的最爱。

60 分钟 IPA（60-minute IPA）

麦汁初始比重：1.055　预期最终比重：1.013　总用水量：33L

出酒量：23L	酿造时间：7周	预估酒精度（ABV）：5.7%	苦味值：60IBU	色度值：6.5EBC

糖化

用水量：14L　用时：1h　温度：65℃

谷物清单	用量
低色度淡色麦芽	5.5kg

煮沸

麦汁总体积：27L　用时：1h

酒花	用量	苦味值（IBU）	何时添加
奇努克13.3%	7g	8.9	刚煮沸时
亚麻黄5%	7g	3.4	刚煮沸时
奇努克13.3%	7g	6.9	煮沸结束前30min
亚麻黄5%	7g	2.6	煮沸结束前30min
卡斯卡特6.6%	7g	3.4	煮沸结束前30min
然后每5min添加奇努克、亚麻黄和卡斯卡特各7g，直到1h煮沸结束			
奇努克13.3%	10g	0.0	煮沸结束时
亚麻黄5%	10g	0.0	煮沸结束时
卡斯卡特6.6%	10g	0.0	煮沸结束时

其他

澄清剂	1茶匙		煮沸结束前15min

发酵

温度：18℃　后熟：12℃下6周

酵母

怀特实验室WLP001：加利福尼亚爱尔酵母

麦芽浸出物酿酒法

将3.5kg固态特浅麦芽浸出物加到27L水中，加热至沸腾，再按上述配方添加酒花。

这款啤酒具有经典美式IPA所有的标志性特点：酒花的苦味，与之相协调的相对较高的酒精度以及浓烈的柑橘香气。

美式 IPA（American IPA）

麦汁初始比重：1.060　预期最终比重：1.014　总用水量：34L

出酒量：	酿造时间：	预估酒精度（ABV）：	苦味值：	色度值：
23L	7周	6.2%	55IBU	10.6EBC

糖化

用水量：15L　用时：1h　温度：65℃

谷物清单	用量
淡色麦芽	6kg

煮沸

麦汁总体积：27L　用时：1h 10min

酒花	用量	苦味值（IBU）	何时添加
西楚13.8%	29g	40.9	刚煮沸时
西楚13.8%	15g	7.2	煮沸结束前10min
西姆科13%	15g	6.8	煮沸结束前10min
西楚13.8%	44g	0.0	煮沸结束时
西姆科13%	44g	0.0	煮沸结束时

其他			
澄清剂	1茶匙		煮沸结束前15min

发酵

温度：18℃　后熟：12℃下6周

酵母
怀特实验室WLP060：美式爱尔混合酵母

酒花	用量	何时添加
西楚13.8%	50g	发酵结束后干投
西姆科13%	50g	发酵结束后干投

麦芽浸出物酿酒法
将3.75kg固态淡色麦芽浸出物加到27L水中，加热至沸腾，再按上述配方添加酒花。

这款IPA虽然酒精度较高，但其实酒花的苦味、麦芽的甜味和柑橘的
清新香气都起到了一定的调和作用，所以并不像预期的那么浓烈。

帝国 IPA（Imperial IPA）

麦汁初始比重：1.083　预期最终比重：1.018　总用水量：36L

出酒量： 23L	酿造时间： 13周	预估酒精度（ABV）： 8.6%	苦味值： 75IBU	色度值： 24EBC

糖化

用水量：21L　用时：1h　温度：65℃

谷物清单	用量
淡色麦芽	8.1kg
淡色水晶麦芽（60L）	100g
巧克力麦芽	80g

煮沸

麦汁总体积：27L　用时：1h 10min

酒花	用量	苦味值（IBU）	何时添加
奇努克13.3%	56g	64	刚煮沸时
西姆科13%	28g	11.0	煮沸结束前10min
西姆科13%	50g	0.0	煮沸结束时
威廉麦特6.3%	50g	0.0	煮沸结束时

其他			
澄清剂	1茶匙		煮沸结束前15min

发酵

温度：20℃　后熟：12℃下12周

酵母

怀特实验室WLP001：加利福尼亚爱尔酵母

酒花	用量	何时添加
威廉麦特6.3%	50g	发酵4天后干投

麦芽浸出物酿酒法

将100g淡色水晶麦芽（60L）和80g巧克力麦芽加到27L水中，65℃浸泡30min。然后取出麦芽，
加入5.1kg固态淡色麦芽浸出物，加热至沸腾，再按上述配方添加酒花。

这款酒虽然色黑如深夜，但口感却像淡色爱尔或金色爱尔一般纯净，带有柑橘余味。
这款酒的这种矛盾特质虽然迷惑了我们的视觉，但却愉悦了我们的味蕾。

黑色 IPA（Black IPA）

麦汁初始比重：1.054　预期最终比重：1.018　总用水量：33L

出酒量： 23L	酿造时间： 7周	预估酒精度（ABV）： 5.1%	苦味值： 60IBU	色度值： 56EBC

糖化

用水量：13.5L　用时：1h　温度：65℃

谷物清单	用量
淡色麦芽	5.5kg
卡拉发特种麦芽3号	170g
巧克力麦芽	225g

煮沸

麦汁总体积：27L　用时：1h 10min

酒花	用量	苦味值（IBU）	何时添加
阿波罗19.5%	30g	44	刚煮沸时
西楚13.8%	30g	16.0	煮沸结束前10min
亚麻黄5%	45g	0.0	煮沸结束时
西楚13.8%	45g	0.0	煮沸结束时

其他			
澄清剂	1茶匙		煮沸结束前15min

发酵

温度：18℃　后熟：12℃下6周

酵母

W酵母1187：灵伍德爱尔酵母

酒花	用量	何时添加
西楚13.8%	45g	发酵4天后干投

麦芽浸出物酿酒法

将170g卡拉发特种麦芽3号和225g巧克力麦芽加到27L水中，65℃浸泡30min。然后取出麦芽，
加入3.15kg固态麦芽浸出物，加热至沸腾，再按上述配方添加酒花。

这款IPA由百分之百的布雷特酵母发酵而成，其美妙而复杂的香气还会随陈酿时间变幻。
想获得更多有意思的特色风味，可以尝试采用不同的布雷特酵母菌株。

布雷特 IPA（Brett IPA）

麦汁初始比重：1.051　预期最终比重：1.007　总用水量：32.75L

出酒量：	酿造时间：	预估酒精度（ABV）：	苦味值：	色度值：
23L	5周	5.7%	35.5IBU	7.7EBC

糖化

用水量：13.75L　用时：1h　温度：66℃

谷物清单	用量
低色度淡色麦芽	4kg
小麦麦芽	1.25kg
焦糖麦芽	250g

煮沸

麦汁总体积：27L　用时：1h 15min

酒花	用量	苦味值（IBU）	何时添加
西楚13.8%	10g	4	煮沸结束前10min
亚麻黄10.1%	10g	2.7	煮沸结束前10min
西楚13.8%	50g	17.2	煮沸结束时
亚麻黄10.1%	50g	11.6	煮沸结束时

其他		
澄清剂	1茶匙	煮沸结束前15min

发酵

温度：20℃　后熟：4℃下4周

酵母

酵母湾WLP4637：布雷特超级混合酵母

酒花	用量	何时添加
西楚13.8%	50g	最后3天
亚麻黄10.1%	50g	最后3天
奇努克13.1%	50g	最后3天

这款特干型IPA起源于美国旧金山地区。酿造时，在发酵末期加入酶，进一步分解啤酒中的糖，使其更容易被酵母利用，从而赋予香槟IPA特别干爽的口感。

香槟 IPA（Brut IPA）

麦汁初始比重：1.044　预期最终比重：1.000甚至更低　总用水量：31L

出酒量：	酿造时间：	预估酒精度（ABV）：	苦味值：	色度值：
23L	5周	5.8%	35.3IBU	5.7EBC

糖化

用水量：12L　用时：1h　温度：63℃

谷物清单	用量
比尔森麦芽	4kg
小麦麦芽	500g
焦糖比尔森麦芽	250g

煮沸

麦汁总体积：12L　用时：1h 15min

酒花	用量	苦味值（IBU）	何时添加
玛格努姆16%	10g	20.2	刚煮沸时
西楚13.8%	25g	7.9	煮沸结束时
尼尔森·苏维12.6%	25g	7.2	煮沸结束时

其他			
澄清剂	1茶匙		煮沸结束前15min

发酵

温度：18℃　后熟：4℃下4周

酵母

怀特实验室WLP007：英式干型爱尔酵母

酒花	用量	何时添加
西楚13.8%	50g	发酵结束后干投3天
尼尔森·苏维12.6%	50g	发酵结束后干投3天
空知王牌14.9%	25g	发酵结束后干投3天

其他		
淀粉酶（干型啤酒）		比重到1.020时

甘甜柔和的麦芽和乳糖风味与水果和酒花带来的
柑橘特征风味如水乳般交融在一起。

奶昔 IPA（Milkshake IPA）

麦汁初始比重：1.075　预期最终比重：1.019　总用水量：36L

出酒量： 23L	酿造时间： 3周	预估酒精度（ABV）： 7.5%	苦味值： 25IBU	色度值： 8.9EBC

糖化

用水量：17L　用时：1h　温度：66℃

谷物清单	用量	谷物清单	用量
比尔森麦芽	4.7kg	焦糖比尔森麦芽	400g
小麦麦芽	1kg	燕麦片	400g
维也纳麦芽	400g		

煮沸

麦汁总体积：27L　用时：1h 15min

酒花	用量	苦味值（IBU）	何时添加
卡斯卡特6.1%	25g	10.0	煮沸结束时
亚麻黄10.1%	25g	15.0	煮沸结束时

其他			
澄清剂	1茶匙		煮沸结束前15min
乳糖	1kg		煮沸结束前10min
香茅草	20g		煮沸结束前10min

发酵

温度：20℃　后熟：10℃下2周

酵母

W酵母1318：伦敦爱尔酵母3号

酒花	用量	何时添加
西楚13.8%	50g	最后3天
西姆科13.8%	50g	最后3天
马赛克12%	50g	最后3天

其他		
桃子泥	500g	比重1.020时
香草荚	2个	最后3天

香草所特有的柔和甜味赋予这款IPA丰富的口感和饱满的酒体，并与迷迭香
的木质香气和奇努克的酒花风味相辅相成。

迷迭香和香草 IPA（Rosemary and Vanilla IPA）

麦汁初始比重：1.050　预期最终比重：1.013　总用水量：32L

出酒量：	酿造时间：	预估酒精度（ABV）：	苦味值：	色度值：
23L	3周	4.9%	42.4IBU	7.2EBC

糖化

用水量：13L　用时：1h　温度：67℃

谷物清单	用量
比尔森麦芽	4.5kg
小麦麦芽	500g
焦糖比尔森麦芽	400g

煮沸

麦汁总体积：27L　用时：1h15min

酒花	用量	苦味值（IBU）	何时添加
奇努克18.4%	10g	18.4	刚煮沸时
奇努克13.1%	10g	14.0	煮沸结束前10min
奇努克13.1%	10g	10.0	煮沸结束时

其他		
澄清剂	1茶匙	煮沸结束前15min
迷迭香	50g	煮沸结束前10min

发酵

温度：22℃　后熟：10℃下2周

酵母
W酵母3944：比利时小麦酵母

酒花	用量	何时添加
西楚13.8%	50g	发酵结束后

其他		
迷迭香	50g	发酵结束后
香草荚	2个	发酵结束后

这款水果啤酒味道柔和，不论对啤酒爱好者还是
非啤酒爱好者，都是充满诱惑的美味！

桃子 IPA（Peach IPA）

麦汁初始比重：1.045　预期最终比重：1.012　总用水量：31L

出酒量：	酿造时间：	预估酒精度（ABV）：	苦味值：	色度值：
23L	5周	4.9%	17IBU	6.7EBC

糖化

用水量：12L　用时：1h　温度：66℃

谷物清单	用量
比尔森麦芽	4kg
小麦麦芽	500g
焦糖比尔森麦芽	300g

煮沸

麦汁总体积：27L　用时：1h 15min

酒花	用量	苦味值（IBU）	何时添加
西姆科13.8%	50g	17	煮沸结束时

其他		
澄清剂	1茶匙	煮沸结束前15min

发酵

温度：18℃　后熟：4℃下4周

酵母
W酵母1318：伦敦爱尔酵母3号

酒花	用量	何时添加
西楚13.8%	50g	发酵最后3天
西姆科13.8%	50g	发酵最后3天

其他		
桃子泥	200g	发酵结束时

麦芽浸出物酿酒法
将300g焦糖比尔森麦芽加到27L水中，65℃浸泡30min。然后取出麦芽，加入2kg固态淡色麦芽浸出物，加热至沸腾，再按上述配方添加酒花和其他辅料。

这款IPA呈漂亮的浅粉色，味道鲜美、清新，酒体呈云雾状浑浊，带有微妙的
玫瑰花瓣和木槿花芳香。

玫瑰木槿浑浊 IPA（White IPA with Rose and Hibicus）

麦汁初始比重：1.041　预期最终比重：1.009　总用水量：28.5L

出酒量：	酿造时间：	预估酒精度（ABV）：	苦味值：	色度值：
23L	3周	4.2%	36.2IBU	7.7EBC

糖化

用水量：9.5L　用时：1h　温度：65℃

谷物清单	用量
比尔森麦芽	2.5kg
小麦麦芽	1.7kg
焦糖麦芽	250g

煮沸

麦汁总体积：27L　用时：1h 15min

酒花	用量	苦味值（IBU）	何时添加
卡斯卡特6.1%	10g	6.5	煮沸结束前10min
西楚13.8%	10g	14.7	煮沸结束前10min
卡斯卡特6.1%	10g	4.6	煮沸结束时
西楚13.8%	10g	10.4	煮沸结束时

其他			
澄清剂	1茶匙		煮沸结束前15min
干木槿花	25g		煮沸结束时

发酵

温度：35℃　后熟：10℃下2周

酵母

W酵母3944：比利时小麦酵母

酒花	用量	何时添加
西楚13.8%	50g	发酵后干投3天

其他		
玫瑰花瓣	50g	发酵结束后，和西楚酒花一起投放

这款风味复杂的果味酸啤酒，需要长时间的陈酿，才能使其风味特点充分展现。一旦装瓶，至少需要等到一年后才能品尝其美味。

佛兰德斯红色爱尔（Flanders Red Ale）

麦汁初始比重：1.056　预期最终比重：1.010　总用水量：33L

出酒量： 23L	酿造时间： 至少1年	预估酒精度（ABV）： 6.2%	苦味值： 20.7IBU	色度值： 29EBC

糖化

用水量： 14L　**用时：** 1h　**温度：** 65℃

谷物清单	用量
维也纳麦芽	3.2kg
淡色麦芽	1.6kg
小麦麦芽	250g
特种麦芽B	300g
焦糖慕尼黑麦芽3号	300g

煮沸

麦汁总体积： 27L　**用时：** 1h 10min

酒花	用量	苦味值（IBU）	何时添加
东肯特戈尔丁5.5%	36g	20.7	刚煮沸时

其他			
澄清剂	1茶匙		煮沸结束前15min

发酵

温度： 22℃下至少4周　**后熟：** 22℃下至少6个月

酵母

W酵母3763：比利时鲁斯拉赫（Roeselare）混合酵母

酿酒小贴士

陈酿3个月以后可以尝试在后熟罐中加入少量新鲜水果，樱桃或覆盆子都是不错的选择。

微妙的绿茶香，怡人而尖锐的酸味与柔和的蜜桃风味组合在一起，
造就了这款清新独特的啤酒。有关锅内酸化的详细操作，参见66~67页。

桃子绿茶桶装酸啤酒（Peach and Green Tea Kettle Sour）

麦汁初始比重：1.044　预期最终比重：1.007　总用水量：31L

出酒量：	酿造时间：	预估酒精度（ABV）：	苦味值：	色度值：
23L	3周	4.8%	0IBU	6.5EBC

糖化

用水量：12L　用时：1h　温度：67℃

谷物清单	用量
比尔森麦芽	3kg
小麦麦芽	1.5kg
焦糖比尔森麦芽	250g

锅内酸化		
乳酸菌	35℃	洗糟后将混合麦汁酸化24h，或直到麦汁pH降至3.4

煮沸

麦汁总体积：27L　用时：1h 15min

其他	用量	何时添加
澄清剂	1茶匙	煮沸结束前15min

发酵

温度：20℃　后熟：10℃下2周

酵母

W酵母1318：伦敦爱尔Ⅲ酵母

其他	用量	何时添加
桃子泥	200g	发酵结束后
绿茶	100g	发酵结束后

静置啤酒直到麦汁比重趋于稳定。

兰比克是一种比利时传统酸啤酒的风格。这种酸啤酒的主要风味特征来自主发酵后加入的野生酵母菌株。

樱桃兰比克（Cherry Lambic）

麦汁初始比重：1.060　预期最终比重：1.005　总用水量：34L

出酒量：	酿造时间：	预估酒精度（ABV）：	苦味值：	色度值：
23L	10周	7.3%	15IBU	10EBC

糖化

用水量：17.5L　用时：1h　温度：65℃

谷物清单	用量
淡色麦芽	4.5kg
小麦麦芽	1.5kg

煮沸

麦汁总体积：27L　用时：1h 10min

酒花	用量	苦味值（IBU）	何时添加
挑战者13.3%	30g	14.0	刚煮沸时

其他

澄清剂	1茶匙		煮沸结束前15min

发酵

发酵：先接种弗曼迪斯WB-06酵母，同时加入6kg欧洲酸樱桃，22℃下发酵2周；然后加入W酵母5335 乳杆菌、W酵母5526 兰比克布雷特酵母和W酵母5733 片球菌，再发酵4周。

后熟：12℃下4周

菌种：

弗曼迪斯WB-06酵母	W酵母5526：兰比克布雷特酵母
W酵母5335：乳杆菌	W酵母5733：片球菌

麦芽浸出物酿酒法

将2kg固态淡色麦芽浸出物和1.7kg固态小麦麦芽浸出物加到27L水中，加热至沸腾，然后按上述配方添加酒花及其他辅料。

酿酒小贴士

酿造这款酒时，应使用独立的专用发酵桶，因为野生酵母菌株对后面的酿酒可能造成污染。

这款黄褐色的经典英式苦啤，在麦芽和酒花之间达成了完美平衡。
伦敦爱尔酵母创造出令人欲罢不能的甘甜和略带水果的余味。

伦敦苦啤（London Bitter）

麦汁初始比重：1.044　预期最终比重：1.012　总用水量：32L

出酒量：	酿造时间：	预估酒精度（ABV）：	苦味值：	色度值：
23L	5周	4.3%	22.1IBU	17EBC

糖化

用水量：11L　用时：1h　温度：65℃

谷物清单	用量
淡色麦芽	4kg
中等色度水晶麦芽	396g

煮沸

麦汁总体积：27L　用时：1h 10min

酒花	用量	苦味值（IBU）	何时添加
挑战者7%	25g	20.3	刚煮沸时
法格尔4.5%	10g	1.8	煮沸结束前10min
戈尔丁5.5%	6g	0.0	煮沸结束时

其他			
澄清剂	1茶匙		煮沸结束前15min

发酵

温度：18℃　后熟：12℃下4周

酵母
W酵母1318：伦敦爱尔酵母3号

麦芽浸出物酿酒法

将396g中等色度水晶麦芽加到27L水中，65℃浸泡30min。然后取出麦芽，加入2.5kg固态麦芽浸出物，加热至沸腾，再按上述配方添加酒花。

酿酒小贴士

如果想让啤酒不那么甜，糖化时可以只用200g水晶麦芽，再增加30g巧克力麦芽。

约克郡苦啤，呈琥珀色，酒体饱满，入口后由淡雅的巧克力风味慢慢演变成纯正的苦味。按照传统，侍酒时要有奶油般的乳白泡沫。

约克郡苦啤（Yorekshire Bitter）

麦汁初始比重：1.041　预期最终比重：1.012　总用水量：31.5L

出酒量： 23L	酿造时间： 5周	预估酒精度（ABV）： 3.8%	苦味值： 31IBU	色度值： 18EBC

糖化

用水量：10.5L　用时：1h　温度：65℃

谷物清单	用量
淡色麦芽	3.5kg
中等色度水晶麦芽	200g
烘干小麦	350g
巧克力麦芽	42g

煮沸

麦汁总体积：27L　用时：1h 10min

酒花	用量	苦味值（IBU）	何时添加
挑战者7%	29g	24.3	刚煮沸时
第一桶金8%	20g	6.7	煮沸结束前10min
第一桶金8%	12g	0.0	煮沸结束时
其他			
澄清剂	1茶匙		煮沸结束前15min

发酵

温度：20℃　后熟：12℃下4周

酵母
W酵母1469：西约克郡爱尔酵母

麦芽浸出物酿酒法

将200g中等色度水晶麦芽和42g巧克力麦芽加到27L水中，65℃浸泡30min。取出麦芽，加入2kg固态麦芽浸出物和450g固态小麦麦芽浸出物，加热至沸腾，然后按上述配方添加酒花。

酿酒小贴士

从酒桶中取饮时，使用啤酒泵和带有起泡装置的弯曲转接器，这样可以使啤酒与空气接触，产生奶油般的泡沫。

这款美味淡爽的社交型啤酒，非常适合在炎炎夏日的漫漫长夜中饮用。
尽管麦汁浓度较低，但风味浓郁，还伴有美妙的酒花余味。

夏季爱尔（Summer Ale）

麦汁初始比重：1.038　预期最终比重：1.012　总用水量：31L

出酒量： 23L	酿造时间： 5周	预估酒精度（ABV）： 3.8%	苦味值： 29.3IBU	色度值： 13EBC

糖化

用水量：9.5L　用时：1h　温度：65℃

谷物清单	用量
淡色麦芽	3.4kg
中等色度水晶麦芽	300g

煮沸

麦汁总体积：27L　用时：1h 10min

酒花	用量	苦味值（IBU）	何时添加
东肯特戈尔丁5.5%	20g	9.4	刚煮沸时
前进5.5%	15g	7.0	刚煮沸时
东肯特戈尔丁5.5%	15g	7.5	煮沸结束前30min
前进5.5%	10g	5.0	煮沸结束前30min
东肯特戈尔丁5.5%	15g	0.4	煮沸结束前1min

其他			
澄清剂	1茶匙		煮沸结束前15min

发酵

温度：20℃　后熟：12℃下4周

酵母

W酵母1098：英式爱尔酵母

麦芽浸出物酿酒法

将300g中等色度水晶麦芽加到27L水中，65℃浸泡30min。然后取出麦芽，加入2.2kg固态麦芽浸出物，加热至沸腾，再按上述配方添加酒花。

酿酒小贴士

这款酒最好用酒桶贮存，而不要用酒瓶。侍酒时只保留少量泡沫，这样一杯口感淡爽、酒花香醇的啤酒，十分顺口。

这款啤酒口感浓烈，麦芽味中隐约带有饼干风味，还有一抹黑加仑特色。
在忙碌一天的工作后，喝上一杯，既美味又满足。

康沃尔锡矿工人爱尔（Cornish Tin Miner's Ale）

麦汁初始比重：1.058　预期最终比重：1.019　总用水量：33L

出酒量：	酿造时间：	预估酒精度（ABV）：	苦味值：	色度值：
23L	9周	5.2%	39.9IBU	19EBC

糖化

用水量：14.5L　用时：1h　温度：65℃

谷物清单	用量
淡色麦芽	4.9kg
焦糖慕尼黑麦芽	380g
饼干麦芽	250g
中等色度水晶麦芽	185g

煮沸

麦汁总体积：27L　用时：1h 10min

酒花	用量	苦味值（IBU）	何时添加
第一桶金8%	46g	38	刚煮沸时
布拉姆灵杂交6%	15g	3.3	煮沸结束前10min
布拉姆灵杂交6%	15g	0.0	煮沸结束时

其他			
澄清剂	1茶匙		煮沸结束前15min

发酵

温度：20℃　后熟：12℃下8周

酵母

怀特实验室WLP002：英式爱尔酵母

麦芽浸出物酿酒法

将380g焦糖慕尼黑麦芽、250g饼干麦芽和185g中等色度水晶麦芽加到27L水中，65℃浸泡30min。然后取出麦芽，加入3.15kg固态特浅麦芽浸出物，加热至沸腾，再按上述配方添加酒花。

酿酒小贴士

把酵母换成怀特实验室WLP007英式干型爱尔酵母，啤酒的口感会更加干爽。

这款啤酒在风格上与英式苦啤酒十分接近。酒体呈明显的红色，口感清新，酒花味淡，有麦芽香，余味纯净。

爱尔兰红色爱尔（Irish Red Ale）

麦汁初始比重：1.051　预期最终比重：1.013　总用水量：32.5L

出酒量：	酿造时间：	预估酒精度（ABV）：	苦味值：	色度值：
23L	7周	5.0%	24.5IBU	23EBC

糖化

用水量：12.8L　用时：1h　温度：65℃

谷物清单	用量
淡色麦芽	4.6kg
中等色度水晶麦芽	200g
大麦片	300g
烤大麦	50g

煮沸

麦汁总体积：27L　用时：1h 10min

酒花	用量	苦味值（IBU）	何时添加
法格尔4.5%	50g	24.5	刚煮沸时
挑战者7%	33g	0.0	煮沸结束时

其他		
澄清剂	1茶匙	煮沸结束前15min

发酵

温度：20℃　后熟：12℃下6周

酵母

W酵母1084：爱尔兰爱尔酵母

这款啤酒是苏格兰传统社交型啤酒，酒体尤为轻淡，
有麦芽味，口感发干，收口纯净清爽。

苏格兰 60 先令啤酒（Scottish 60 Shilling）

麦汁初始比重：1.035　预期最终比重：1.010　总用水量：30.5L

出酒量：	酿造时间：	预估酒精度（ABV）：	苦味值：	色度值：
23L	7周	3.3%	11.7IBU	18EBC

糖化

用水量：8.6L　用时：1h　温度：70℃

谷物清单	用量
淡色麦芽	3kg
慕尼黑麦芽	175g
中等色度水晶麦芽	130g
黑色素麦芽	100g
巧克力麦芽	50g

煮沸

麦汁总体积：27L　用时：1h 10min

酒花	用量	苦味值（IBU）	何时添加
法格尔4.5%	21g	11.6	刚煮沸时

其他			
澄清剂	1茶匙		煮沸结束前15min

发酵

温度：18℃　后熟：12℃下6周

酵母

W酵母1728：苏格兰爱尔酵母

和许多其他苏格兰啤酒一样，苏格兰80先令这款酒，麦香醇厚，无酒花味，余味纯净中性，是经典的苏格兰出口型高度啤酒。

苏格兰 80 先令啤酒（Scottish 80 Shilling）

麦汁初始比重：1.052　预期最终比重：1.015　总用水量：32.5L

出酒量： 23L	酿造时间： 7周	预估酒精度（ABV）： 4.9%	苦味值： 16.5IBU	色度值： 29.2EBC

糖化

用水量：13L　用时：1h　温度：70℃

谷物清单	用量
淡色麦芽	4.6kg
焦糖慕尼黑麦芽2号	300g
中等色度水晶麦芽	200g
卡拉发麦芽3号	80g

煮沸

麦汁总体积：27L　用时：1h 10min

酒花	用量	苦味值（IBU）	何时添加
戈尔丁5.5%	27g	16.5	刚煮沸时

其他			
澄清剂	1茶匙		煮沸结束前15min

发酵

温度：18℃　后熟：12℃下6周

酵母
W酵母1728：苏格兰爱尔酵母

麦芽浸出物酿酒法
将300g焦糖慕尼黑麦芽2号、200g中等色度水晶麦芽和80g卡拉发麦芽3号加到27L水中，65℃浸泡30min。然后取出麦芽，加入2.9kg固态淡色麦芽浸出物，加热至沸腾，再按上述配方添加酒花。

这款手工农家爱尔出自法国北部，之所以称为"贮藏啤酒"，是因为按照传统，人们通常在早春时开始酿酒，然后一直贮藏至夏天。成品酒拥有怡人的麦芽甜味。

法式贮藏啤酒（Bière De Garde）

麦汁初始比重：1.065　预期最终比重：1.014　总用水量：32L

出酒量：	酿造时间：	预估酒精度（ABV）：	苦味值：	色度值：
23L	7周	7%	25IBU	17.7EBC

糖化

用水量：18.4L　用时：1h　温度：65℃

谷物清单	用量
淡色麦芽	4kg
维也纳麦芽	1.5kg
芳香麦芽	500g
饼干麦芽	500g

煮沸

麦汁总体积：27L　用时：1h 10min

酒花	用量	苦味值（IBU）	何时添加
金酿7%	33g	22.9	刚煮沸时
泰特南4.5%	25g	2.1	煮沸结束前5min
泰特南4.5%	25g	0.0	煮沸结束时

其他

澄清剂	1茶匙		煮沸结束前15min

发酵

温度：22℃　后熟：12℃下6周

酵母

W酵母3711：法国塞松酵母

按照传统，这是秋季人们为了利用粮食丰收后的大量麦芽而酿造的一款冬季美味佳酿，其中也可加入香料使其成为节庆待客特饮（参见圣诞爱尔）。

冬季暖身啤酒（Winter Warmer）

麦汁初始比重：1.062　预计最终比重：1.015　总用水量：32.5L

出酒量： 23L	酿造时间： 8周	预估酒精度（ABV）： 6.2%	苦味值： 19.6IBU	色度值： 27.2EBC

糖化

用水量：13.75L　用时：1h　温度：65℃

谷物清单	用量
浅色麦芽	5.1kg
中等色度水晶麦芽	200g
烘干小麦	100g
巧克力麦芽	100g

煮沸

麦汁总体积：27L　用时：1h 10min

酒花	用量	苦味值（IBU）	何时添加
东肯特戈尔丁5.5%	30g	17.5	刚煮沸时
前进 5.5%	10g	2.1	煮沸结束前10min
塔盖特 10.5%	10g	0.0	煮沸结束时

其他		
澄清剂	1茶匙	煮沸结束前15min
蜂蜜	500g	煮沸结束前5min

发酵

温度：20℃　后熟：12℃下6周

酵母

W酵母1968：伦敦特苦爱尔酵母

麦芽浸出物酿酒法

将200g中等色度水晶麦芽和100g巧克力麦芽加到27L水中，65℃浸泡30min。取出麦芽，然后加入3.3kg固态淡色麦芽浸出物，加热至沸腾，再按上述配方添加酒花和辅料。

酿酒小贴士

发酵4天后，将1茶匙桂皮粉和1汤匙生姜末放入50mL伏特加酒中浸泡15min，然后将此混合物加到发酵罐中，1周后装瓶。

这是一款深色节日啤酒，麦香浓郁，同时伴有一抹微妙的圣诞香料的香味。不过，这款浓烈的特酿啤酒，在享用之前，需要放置3个月才能成熟。

圣诞爱尔（Christmas Ale）

麦汁初始比重：1.063　预计最终比重：1.012　总用水量：32.5L

出酒量：	酿造时间：	预估酒精度（ABV）：	苦味值：	色度值：
23L	12周	6.8%	25IBU	30.7EBC

糖化

用水量： 14L　**用时：** 1h　**温度：** 67℃

谷物清单	用量
淡色麦芽	4.4kg
饼干麦芽	500g
焦糖慕尼黑1号	350g
中等色度水晶麦芽	300g
烘干小麦	100g
卡拉发特种1号麦芽	100g

煮沸

麦汁总体积： 27L　**用时：** 1h 10min

酒花	用量	苦味值（IBU）	何时添加
挑战者7%	18g	13.2	刚煮沸时
斯蒂里亚戈尔丁4.5%	26g	5.9	煮沸结束前15min
斯蒂里亚戈尔丁4.5%	26g	0.0	煮沸结束时

其他			
澄清剂	1茶匙		煮沸结束前15min
八角	10g		煮沸结束前10min
桂皮	2根		煮沸结束前10min
肉豆蔻粉	1茶匙		煮沸结束前10min
浅色凯蒂糖	500g		煮沸结束前5min

发酵

温度： 22℃　**后熟：** 12℃下8周

酵母

W酵母1028：伦敦爱尔酵母

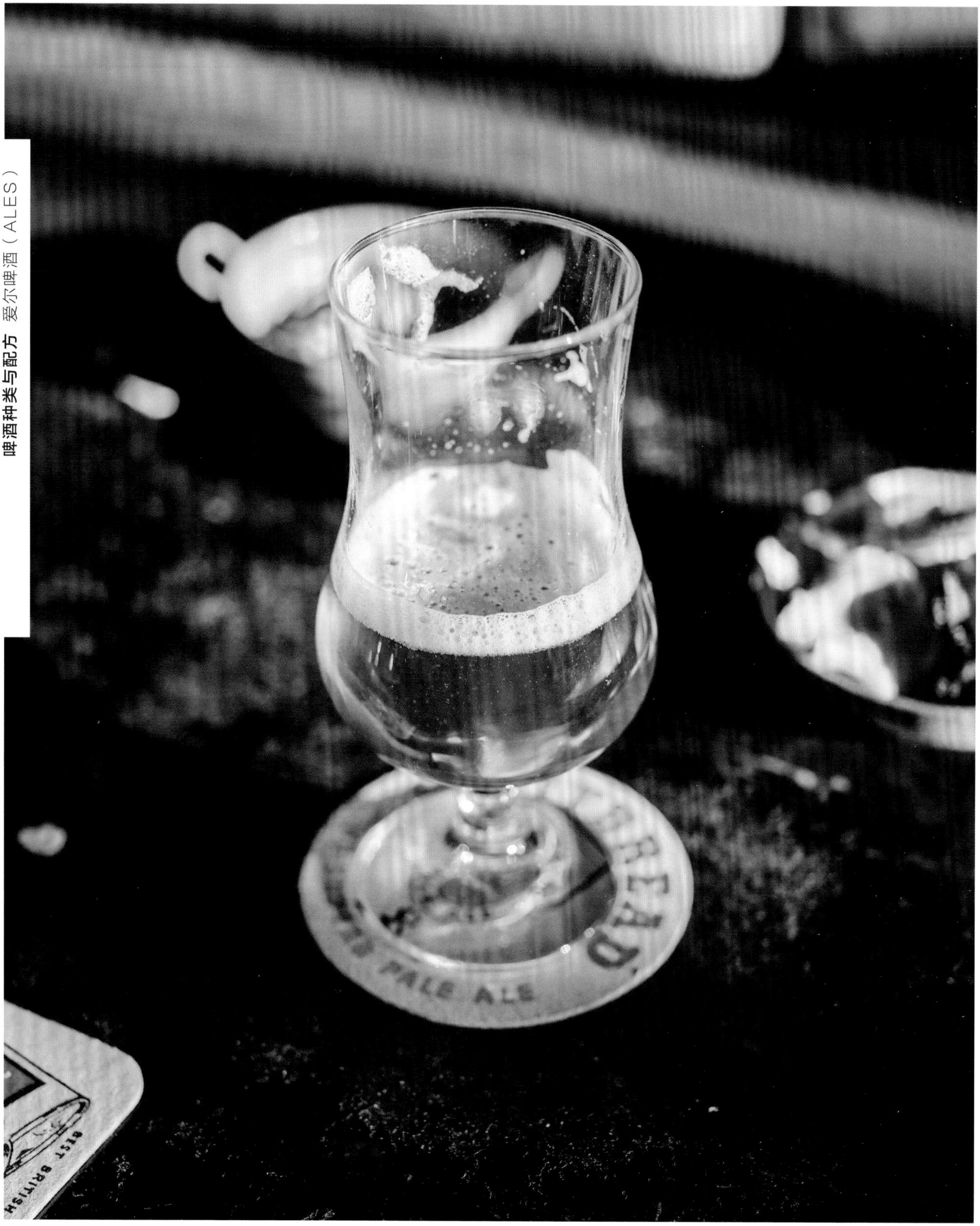
PALE ALE
BEST BRITISH

按照传统，比利时的每座修道院都要创造自己独有风格的高品质啤酒。下面这款典型修道院啤酒，
具有复杂的麦芽风味，并伴有辛辣的酒精味道。

修道院啤酒（Abbey Beer）

麦汁初始比重：1.060　预计最终比重：1.013　总用水量：33L

出酒量：	酿造时间：	预估酒精度（ABV）：	苦味值：	色度值：
23L	7周	6.4%	19.8IBU	12.1EBC

糖化

用水量：15L　用时：1h　温度：65℃

谷物清单	用量
比利时比尔森麦芽	4.5kg
维也纳麦芽	1kg
饼干麦芽	500g

煮沸

麦汁总体积：27L　用时：1h 15min

酒花	用量	苦味值（IBU）	何时添加
珍珠8%	21g	17.5	刚煮沸时
斯蒂里亚戈尔丁5.5%	21g	2.3	煮沸结束前5min

其他			
澄清剂	1茶匙		煮沸结束前15min

发酵

温度：22℃　后熟：12℃下6周

酵母
W酵母1214：比利时修道院爱尔酵母

来自比利时的这款稻草色爱尔，味道浓烈，其中的麦芽香甜与辛辣微妙的酒花香和来自凯蒂糖的干爽收口相得益彰。

比利时金色爱尔（Belgian Blonde Ale）

麦汁初始比重：1.070　预期最终比重：1.015　总用水量：33.5L

出酒量：23L	酿造时间：8周	预估酒精度（ABV）：7.4%	苦味值：18IBU	色度值：12.9EBC

糖化

用水量：16.25L　用时：1h　温度：65℃

谷物清单	用量
比尔森麦芽	6kg
焦糖维也纳麦芽	250g
焦糖慕尼黑麦芽1号	250g

煮沸

麦汁总体积：27L　用时：1h 10min

酒花	用量	苦味值（IBU）	何时添加
东肯特戈尔丁5.5%	30g	16.1	刚煮沸时
斯蒂里亚戈尔丁5.5%	10g	1.9	煮沸结束前10min
斯蒂里亚戈尔丁5.5%	20g	0.0	煮沸结束时

其他			
澄清剂	1茶匙		煮沸结束前15min
浅色凯蒂糖	300g		煮沸结束前5min

发酵

温度：22℃　后熟：12℃下6周

酵母

W酵母1388：比利时烈性爱尔酵母

麦芽浸出物酿酒法

将250g焦糖维也纳麦芽和250g焦糖慕尼黑麦芽1号加到27L水中，
65℃浸泡30min。取出麦芽，然后加入3.8kg固态特浅麦芽浸出物，
加热至沸腾，再按上述配方添加酒花和辅料。

这款比利时经典啤酒，色泽深红，酒体强劲，带有怡人的辛辣风味。其复杂的麦芽香甜与适度的果味结合得当，让饮用这款啤酒成为真正的愉悦体验。

比利时双料（Belgian Dubbel）

麦汁初始比重：1.066　预期最终比重：1.014　总用水量：33L

出酒量：	酿造时间：	预估酒精度（ABV）：	苦味值：	色度值：
23L	8周	6.9%	20.5IBU	29.2EBC

糖化

用水量：15L　用时：1h　温度：65℃

谷物清单	用量
比利时比尔森麦芽	5.3kg
特种麦芽B	400g
焦糖慕尼黑麦芽1号	300g

煮沸

麦汁总体积：27L　用时：1h 10min

酒花	用量	苦味值（IBU）	何时添加
哈拉道赫斯布鲁克3.5%	35g	12.7	刚煮沸时
泰特南4.5%	35g	7.5	煮沸结束前15min

其他			
澄清剂	1茶匙		煮沸结束前15min
浅色凯蒂糖	400g		煮沸结束前5min

发酵

温度：22℃　后熟：12℃下7周

酵母
W酵母3944：比利时小麦酵母

麦芽浸出物酿酒法
将400g特种麦芽B和300g焦糖慕尼黑麦芽1号加到27L水中，65℃浸泡30min。取出麦芽，然后加入3.4kg固态特浅麦芽浸出物，加热至沸腾，再按上述配方添加酒花和辅料。

比起它的兄弟——比利时双料（见上页），比利时三料没有那么复杂的麦芽风味，却有清爽和酸涩的收口。虽然酒精度很高，但喝的时候并不感到很浓烈。

比利时三料（Belgian Tripel）

麦汁初始比重：1.080　预期最终比重：1.013　总用水量：33.5L

出酒量：	酿造时间：	预估酒精度（ABV）：	苦味值：	色度值：
23L	12周	9.1%	11.4IBU	11.4EBC

糖化

用水量：16.3L　用时：1h　温度：65℃

谷物清单	用量
比利时比尔森麦芽	6.3kg
焦糖慕尼黑麦芽1号	250g

煮沸

麦汁总体积：27L　用时：1h 10min

酒花	用量	苦味值（IBU）	何时添加
萨兹4.2%	50g	18.6	刚煮沸时
斯蒂里亚戈尔丁5.5%	50g	11.7	煮沸结束前15min

其他			
澄清剂	1茶匙		煮沸结束前15min
浅色凯蒂糖	1kg		煮沸结束前5min

发酵

温度：22℃　后熟：12℃下11周

酵母
W酵母1388：比利时烈性啤酒酵母

麦芽浸出物酿酒法
将250g焦糖慕尼黑麦芽1号加到27L水中，65℃浸泡30min。取出麦芽，然后加入4kg固态特浅麦芽浸出物，加热至沸腾，再按上述配方添加酒花和辅料。

这款啤酒由比利时莫尔加特（Moortgat）啤酒厂在第一次世界大战快结束时酿造而成。
其风格类似比利时三料（见上页），但颜色更浅，麦芽味更淡，收口略苦。

比利时烈性金色爱尔
（Belgian Strong Golden Ale）

麦汁初始比重：1.072　预期最终比重：1.012　总用水量：33L

出酒量：	酿造时间：	预估酒精度（ABV）：	苦味值：	色度值：
23L	8周	7.9%	30IBU	10EBC

糖化

用水量：15L　用时：1h　温度：65℃

谷物清单	用量
比利时比尔森麦芽	5.6kg
焦糖比尔森麦芽	450g
芳香麦芽	300g

煮沸

麦汁总体积：27L　用时：1h 10min

酒花	用量	苦味值（IBU）	何时添加
萨兹4.2%	47g	18.6	刚煮沸时
泰特南4.5%	50g	11.7	煮沸结束前15min

其他			
澄清剂	1茶匙		煮沸结束前15min
凯蒂糖	750g		煮沸结束前5min

发酵

温度：22℃　后熟：12℃下7周

酵母
W酵母：比利时修道院爱尔酵母2号

麦芽浸出物酿酒法
将450g焦糖比尔森麦芽加到27L水中，65℃浸泡
30min。取出麦芽，然后加入3.6kg固态特浅麦芽浸
出物，加热至沸腾，再按上述配方添加酒花和辅料。

这是简易版的桶装陈酿啤酒。酒液呈深褐色，酒体充满复杂的麦芽特性，还融合了橡木和香草的风味。这是需要足够长的时间来陈酿的一款酒。

橡木风味棕色爱尔（Oaked Brown Ale）

麦汁初始比重：1.089　预期最终比重：1.019　总用水量：43L

出酒量：	酿造时间：	预估酒精度（ABV）：	苦味值：	色度值：
23L	9周	9.4%	60.5IBU	47.2EBC

糖化

用水量：24L　用时：1h　温度：66℃

谷物清单	用量	谷物清单	用量
淡色麦芽	7.4kg	浅色水晶麦芽	200g
黑麦麦芽	750g	德国卡拉发1号	100g
燕麦片	600g	烤大麦	100g
棕色麦芽	500g	深色水晶麦芽	80g

煮沸

麦汁总体积：27L　用时：1h 15min

酒花	用量	苦味值（IBU）	何时添加
玛格努姆 11%	50g	60.5	刚煮沸时

其他		
澄清剂	1茶匙	煮沸结束前15min

发酵

温度：20℃　后熟：10℃下6周

酵母
怀特实验室WLP001：加利福尼亚爱尔酵母

其他	用量	何时添加
美国浅色橡木片	50g	发酵完成后添加，浸泡2周

酿酒小贴士

先将啤酒倒罐到干净容器，然后加入橡木片，一旦橡木风味达到预期立刻取出。

与南方棕色爱尔（见下页）相比，这款啤酒的酒精度更高，颜色更浅，甜味更淡。有坚果和巧克力的特色风味，伴有适度的英式酒花余味。

北方棕色爱尔（Northern Brown Ale）

麦汁初始比重：1.052　预期最终比重：1.013　总用水量：32.5L

出酒量：	酿造时间：	预估酒精度（ABV）：	苦味值：	色度值：
23L	6周	5.1%	25.7IBU	27.2EBC

糖化

用水量：13L　用时：1h　温度：65℃

谷物清单	用量
淡色麦芽	4.8kg
中等色度水晶麦芽	250g
巧克力麦芽	100g

煮沸

麦汁总体积：27L　用时：1h 10min

酒花	用量	苦味值（IBU）	何时添加
海军上将14.5%	16g	25.7	刚煮沸时
挑战者7%	16g	0.0	煮沸结束时

其他			
澄清剂	1茶匙		煮沸结束前15min

发酵

温度：20℃　后熟：12℃下5周

酵母
W酵母1098：英式爱尔酵母

麦芽浸出物酿酒法
将250g中等色度水晶麦芽和100g巧克力麦芽加到27L水中，65℃浸泡30min。取出麦芽，然后加入3.3kg固态淡色麦芽浸出物，加热至沸腾，再按上述配方添加酒花。

这款酒也被称为伦敦爱尔，起源于20世纪初，曾作为波特和淡味啤酒的替代品。酒精度中等偏低，有甜甜的麦芽余味。

南方棕色爱尔（Southern Brown Ale）

麦汁初始比重：1.041　预期最终比重：1.012　总用水量：31L

出酒量：	酿造时间：	预估酒精度（ABV）：	苦味值：	色度值：
23L	4周	3.8%	17.4IBU	37.6EBC

糖化

用水量：10L　用时：1h　温度：65℃

谷物清单	用量	谷物清单	用量
淡色麦芽	3.5kg	烘干小麦	100g
深色水晶麦芽	300g	黑麦芽	55g
巧克力麦芽	110g		

煮沸

麦汁总体积：27L　用时：1h 10min

酒花	用量	苦味值（IBU）	何时添加
法格尔 4.5%	24g	12.9	刚煮沸时
法格尔 4.5%	24g	4.5	煮沸结束前10min

其他			
澄清剂	1茶匙		煮沸结束前15min

发酵

温度：22℃　后熟：12℃下3周

酵母
W酵母1187：灵伍德爱尔酵母

麦芽浸出物酿酒法

将300g深色水晶麦芽、110g巧克力麦芽和55g黑麦芽加到27L水中，65℃浸泡30min。取出麦芽，加入2.3kg固态淡色麦芽浸出物，加热至沸腾，然后按照上述配方添加酒花。

酿酒小贴士

如果你更喜欢口感稍干的啤酒，试试用W酵母1099白面包爱尔酵母来代替W酵母1187灵伍德爱尔酵母。

这款酒色泽浓郁、酒体强劲，有来自玉米糖的水果风味和类似雪莉酒的风味，需要足够长时间的后熟才能充分展现其特点。

老爱尔（Old Ale）

麦汁初始比重：1.079　预期最终比重：1.014　总用水量：34L

出酒量： 23L	酿造时间： 12周	预估酒精度（ABV）： 8.7%	苦味值： 55IBU	色度值： 32.6EBC

糖化

用水量：16.75L　用时：1h　温度：68℃

谷物清单	用量
淡色麦芽	4.5kg
慕尼黑麦芽	1.8kg
深色水晶麦芽	300g
巧克力麦芽	100g

煮沸

麦汁总体积：27L　用时：1h 10min

酒花	用量	苦味值（IBU）	何时添加
戈尔丁 5.5%	76g	37.3	刚煮沸时
戈尔丁 5.5%	76g	13.1	煮沸结束前10min

其他			
澄清剂	1茶匙		煮沸结束前15min
玉米糖	650g		煮沸结束前5min

发酵

温度：20℃　后熟：12℃下11周

酵母

W酵母1028：伦敦爱尔酵母

酿酒小贴士

为了让你的啤酒更有节日气氛，可以尝试往发酵罐里加入一些圣诞香料，如：桂皮、肉豆蔻或丁香等，这些都应该不错。

这款深色爱尔，是传统英式淡味啤酒，酒精含量适度略低，口感有水果、巧克力和麦芽的风味，收口干爽，有酒花余味。

淡味啤酒（Mild）

麦汁初始比重：1.036　预期最终比重：1.011　总用水量：30L

出酒量：	酿造时间：	预估酒精度（ABV）：	苦味值：	色度值：
23L	4周	3.3%	21.2IBU	33.5EBC

糖化

用水量：9L　用时：1h　温度：68℃

谷物清单	用量
淡味爱尔麦芽	3kg
深色水晶麦芽	500g
巧克力麦芽	100g

煮沸

麦汁总体积：27L　用时：1h 10min

酒花	用量	苦味值（IBU）	何时添加
北唐 8%	20g	19.7	刚煮沸时
布拉姆灵杂交 6%	10g	0.0	煮沸结束前5min

其他			
澄清剂	1茶匙		煮沸结束前15min

发酵

温度：20℃　后熟：12℃下3周

酵母

W酵母1318：伦敦爱尔酵母3号

麦芽浸出物酿酒法

将500g深色水晶麦芽和100g巧克力麦芽加到27L水中，65℃浸泡30min。取出麦芽，加入1.9kg固态淡色麦芽浸出物，加热至沸腾，然后按上述配方添加酒花。

这款深色的烈性爱尔有可口的麦芽和巧克力风味，伴有和谐淡雅的酒花苦味，是牛排和薯条的最佳搭档。

红宝石淡味啤酒（Ruby Mild）

麦汁初始比重：1.049　预期最终比重：1.014　总用水量：32L

出酒量： 23L	酿造时间： 8周	预估酒精度（ABV）： 4.6%	苦味值： 18.1IBU	色度值： 31.6EBC

糖化

用水量：12.3L　用时：1h　温度：66℃

谷物清单	用量
淡色麦芽	4.5kg
中等色度水晶麦芽	150g
巧克力麦芽	150g
烘干小麦麦芽	125g

煮沸

麦汁总体积：27L　用时：1h 10min

酒花	用量	苦味值（IBU）	何时添加
戈尔丁 5.5%	30g	18.1	刚煮沸时
戈尔丁 5.5%	15g	0.0	煮沸结束时

其他			
澄清剂	1茶匙		煮沸结束前15min

发酵

温度：22℃　后熟：12℃下至少4周

酵母
W酵母1187：灵伍德爱尔酵母

麦芽浸出物酿酒法
将150g中等色度水晶麦芽和150g巧克力麦芽加到27L水中，65℃浸泡30min。取出麦芽，然后加入2.9kg固态淡色麦芽浸出物，加热至沸腾，再按上述配方添加酒花。

在任何一家啤酒厂，英式大麦酒都可以算是酒精度最高的啤酒之一。这款酒拥有麦芽和类似雪莉酒的复杂风味，收口时有回味悠长的酒花苦味。

英式大麦酒（English Barley Wine）

麦汁初始比重：1.090　预期最终比重：1.019　总用水量：35.5L

出酒量：	酿造时间：	预估酒精度（ABV）：	苦味值：	色度值：
23L	15周	9.6%	50IBU	27.3EBC

糖化

用水量：21L　用时：1h　温度：67℃

谷物清单	用量
淡色麦芽	7.2kg
深色水晶麦芽	300g
焦糖比尔森麦芽	800g

煮沸

麦汁总体积：27L　用时：1h 30min

酒花	用量	苦味值（IBU）	何时添加
北唐 8%	71g	50.0	刚煮沸时
东肯特戈尔丁 5.5%	14g	0.0	煮沸结束时
塔盖特 10.5%	14g	0.0	煮沸结束时

其他			
澄清剂	1茶匙		煮沸结束前15min
蜂蜜	500g		煮沸结束前5min

发酵

温度：22℃　后熟：12℃下14周

酵母

W酵母1028：伦敦爱尔酵母

麦芽浸出物酿酒法

将300g深色水晶麦芽和800g焦糖比尔森麦芽加到27L水中，65℃浸泡30min。取出麦芽，加入4.5kg固态淡色麦芽浸出物，加热至沸腾，然后按上述配方添加酒花和其他辅料。

酿酒小贴士

如果糖化锅体积不够大，装不下配方中的所有麦芽，可以把淡色麦芽减到5kg，然后在麦汁煮沸的时候加入1.3kg固态淡色麦芽浸出物。

与英式大麦酒相比，美式大麦酒使用的酒花要多很多，这是一款浓烈而醇厚的啤酒，
回味时苦中带甜，有强劲的柑橘芳香。

美式大麦酒（American Barley Wine）

麦汁初始比重：**1.105**　预期最终比重：**1.024**　总用水量：**37.5L**

出酒量：	酿造时间：	预估酒精度（ABV）：	苦味值：	色度值：
23L	15周	10.9%	66IBU	25.4EBC

糖化

用水量：**26L**　用时：**1h**　温度：**67℃**

谷物清单	用量
淡色麦芽	10kg
中等色度水晶麦芽	400g
卡拉发特种麦芽3号	30g

煮沸

麦汁总体积：**27L**　用时：**1h 10min**

酒花	用量	苦味值（IBU）	何时添加
奇努克 13.3%	71g	61.7	刚煮沸时
卡斯卡特 6.6%	26g	4.3	煮沸结束前10min
卡斯卡特 6.6%	100g	0.0	煮沸结束时

其他

澄清剂	1茶匙		煮沸结束前15min

发酵

温度：**18℃发酵4天，然后22℃发酵直至完成**　后熟：**12℃下13周**

酵母

W酵母1056：美式爱尔酵母

麦芽浸出物酿酒法

将400g中等色度水晶麦芽和30g卡拉发特种3号麦芽加到27L水中，65℃浸泡30min。取出麦芽，加入6.3kg淡色麦芽浸出物，加热至沸腾，然后按上述配方添加酒花。

酿酒小贴士

这是一款烈性啤酒，饮用时要适量，因此可以考虑把配方中的用量减半，酿造半批酒。

这款酒口感柔和、味道甘甜，有迷人的焦糖风味，比棕色爱尔口感更丰富，更有烘烤香味，回味时还有怡人的巧克力味。

棕色波特（Brown Porter）

麦汁初始比重：1.049　预期最终比重：1.012　总用水量：32L

出酒量： 23L	酿造时间： 5周	预估酒精度（ABV）： 4.9%	苦味值： 30.2IBU	色度值： 45EBC

糖化

用水量：12.5L　用时：1h　温度：67℃

谷物清单	用量
淡色麦芽	4kg
深色水晶麦芽	350g
棕色麦芽	300g
巧克力麦芽	200g

煮沸

麦汁总体积：27L　用时：1h 10min

酒花	用量	苦味值（IBU）	何时添加
第一桶金 8.0%	31g	27.6	刚煮沸时
第一桶金 8.0%	15g	2.7	煮沸结束前10min

其他			
澄清剂	1茶匙		煮沸结束前15min

发酵

温度：18℃　后熟：12℃下4周

酵母

W酵母1028：伦敦爱尔酵母

麦芽浸出物酿酒法

将350g深色水晶麦芽、200g巧克力麦芽和300g棕色麦芽加到27L水中，65℃浸泡30min。取出麦芽，加入2.5kg固态淡色麦芽浸出物，加热至沸腾，然后按上述配方添加酒花。

浓郁的烟熏麦芽风味与微妙的红色莓果风味完美结合，造就了这款令人难以抗拒的深棕色冬季爱尔。

烟熏波特（Smoked Porter）

麦汁初始比重：1.054   预期最终比重：1.016   总用水量：33L

出酒量： 23L	酿造时间： 6周	预估酒精度（ABV）： 5.1%	苦味值： 28IBU	色度值： 49.6EBC

糖化

用水量：14.75L   用时：1h   温度：65℃

谷物清单	用量
淡色麦芽	4.5kg
烟熏麦芽	700g
黑麦芽	300g
中等色度水晶麦芽	200g
焦糖慕尼黑麦芽1号	200g

煮沸

麦汁总体积：27L   用时：1h 15min

酒花	用量	苦味值（IBU）	何时添加
挑战者 7%	35g	23.8	刚煮沸时
威廉麦特 6.3%	20g	4.2	煮沸结束前10min
威廉麦特 6.3%	20g	0.0	煮沸结束时

其他			
澄清剂	1茶匙		煮沸结束前15min

发酵

温度：18℃   后熟：12℃下5周

酵母

W酵母1187：灵伍德爱尔酵母

酿酒小贴士

如果想加重烟熏风味，可以尝试在发酵4天后，往发酵桶里加100g烘烤过的橡木片。

这款口感浓烈的暖性啤酒，带有复杂的水果风味，收口柔顺、纯净。正如酒名所示，这款波特起源于波罗的海沿岸国家。

波罗的海波特（Baltic Porter）

麦汁初始比重：1.080　预期最终比重：1.019　总用水量：35L

出酒量： 23L	酿造时间： 至少12周	预估酒精度（ABV）： 8.2%	苦味值： 30.2IBU	色度值： 56.3EBC

糖化

用水量：19.2L　用时：1h　温度：67℃

谷物清单	用量
慕尼黑麦芽	7kg
琥珀麦芽	300g
卡拉发特种麦芽3号	286g
饼干麦芽	200g
巧克力麦芽	300g
焦糖慕尼黑麦芽1号	100g

煮沸

麦汁总体积：27L　用时：1h 10min

酒花	用量	苦味值（IBU）	何时添加
萨兹 4.2%	74g	27.4	刚煮沸时
萨兹 4.2%	15g	2.6	煮沸结束前15min

其他			
澄清剂	1茶匙		煮沸结束前15min

发酵

温度：12℃　后熟：12℃下11周以上

酵母

W酵母2633：十月庆典拉格混酿酵母

酿酒小贴士

这款啤酒有极好的陈年潜力，所以装瓶后，不妨尽量长久贮存，以获取更高品质。

这款酒体饱满、口感复杂的深色爱尔，回味干爽，在风格上与棕色波特（参见169页）相似，但因为添加了蜂蜜，所以风格更为独特。

蜂蜜波特（Honey Porter）

麦汁初始比重：1.048　预期最终比重：1.009　总用水量：32L

出酒量：	酿造时间：	预估酒精度（ABV）：	苦味值：	色度值：
23L	6周	5.2%	19.8IBU	50.3EBC

糖化

用水量：10.5L　用时：1h　温度：65℃

谷物清单	用量
淡色麦芽	3kg
淡色水晶麦芽	500g
维也纳麦芽	400g
卡拉发特种麦芽3号	200g
巧克力麦芽	100g

煮沸

麦汁总体积：27L　用时：1h 10min

酒花	用量	苦味值（IBU）	何时添加
法格尔 4.5%	23g	10.8	刚煮沸时
挑战者 7%	15g	4.3	煮沸结束前10min
瓦卡图 6.6%	16g	0.0	煮沸结束时

其他			
澄清剂	1茶匙		煮沸结束前15min
蜂蜜	500g		煮沸结束前5min

发酵

温度：18℃　后熟：12℃下5周

酵母
W酵母1272：美式爱尔酵母2号

这款爱尔兰世涛，最初是为了模仿当时已获成功的伦敦波特而酿制的。然而，这款世涛比波特更加柔顺丝滑，酒体醇厚饱满，是一款经典的风味浓郁型黑啤。

干世涛（Dry Stout）

麦汁初始比重：1.048　预期最终比重：1.013　总用水量：32L

出酒量：	酿造时间：	预估酒精度（ABV）：	苦味值：	色度值：
23L	5周	4.7%	37.9IBU	76.7EBC

糖化

用水量：12L　用时：1h　温度：67℃

谷物清单	用量
淡色麦芽	3.8kg
大麦片	500g
烤大麦	450g
巧克力麦芽	100g

煮沸

麦汁总体积：27L　用时：1h 10min

酒花	用量	苦味值（IBU）	何时添加
东肯特戈尔丁4.5%	61g	37.9	刚煮沸时

其他			
澄清剂	1茶匙		煮沸结束前15min

发酵

温度：18℃　后熟：12℃下4周

酵母
W酵母1084：爱尔兰爱尔酵母

燕麦世涛有着令人难以抗拒的顺滑口感和烘烤巧克力的浓郁风味，是一款让人备感舒服的美味啤酒，适合在冬季享用。

燕麦世涛（Oatmeal Stout）

麦汁初始比重：1.049　预期最终比重：1.014　总用水量：32L

出酒量：23L	酿造时间：5周	预估酒精度（ABV）：4.6%	苦味值：30.3IBU	色度值：43.9EBC

糖化

用水量：12.2L　用时：1h　温度：67℃

谷物清单	用量
淡色麦芽	4.2kg
燕麦片	250g
中等色度水晶麦芽	200g
巧克力麦芽	160g
烤大麦	70g

煮沸

麦汁总体积：27L　用时：1h 10min

酒花	用量	苦味值（IBU）	何时添加
挑战者7%	39g	30.3	刚煮沸时
挑战者7%	16g	0.0	煮沸结束时
戈尔丁5.5%	16g	0.0	煮沸结束时

其他

澄清剂	1茶匙		煮沸结束前15min

发酵

温度：20℃　后熟：12℃下4周

酵母

W酵母1187：灵伍德爱尔酵母

酿酒小贴士

酿酒时需要格外小心，不能让多余的氧气进入啤酒，比如在装瓶时要避免溅起酒液，因为其中添加的燕麦使啤酒更容易氧化。

在这款美式世涛中，巧克力风味、烘烤咖啡豆的浓郁风味，与淡雅的酒花柑橘香气相辅相成。使用现磨的咖啡可以得到最好的结果。

咖啡世涛（Coffee Stout）

麦汁初始比重：1.058　预期最终比重：1.015　总用水量：33L

出酒量： 23L	酿造时间： 6周	预估酒精度（ABV）： 5.7%	苦味值： 40.6IBU	色度值： 79.2EBC

糖化

用水量：14.6L　用时：1h　温度：67℃

谷物清单	用量
淡色麦芽	5kg
烤大麦	250g
卡拉发特种麦芽1号	250g
浅色水晶麦芽	200g
焦糖慕尼黑麦芽1号	200g
巧克力麦芽	150g

煮沸

麦汁总体积：27L　用时：1h 15min

酒花	用量	苦味值（IBU）	何时添加
玛格努姆 16%	21g	35.5	刚煮沸时
卡斯卡特 6.6%	21g	5.5	煮沸结束前10min
卡斯卡特 6.6%	21g	0.0	煮沸结束时

其他			
澄清剂	1茶匙		煮沸结束前15min

发酵

温度：18℃　后熟：12℃下5周

酵母

W酵母1084：爱尔兰爱尔酵母

其他	用量	何时添加
新鲜咖啡	500mL	发酵4天后加入

这款美式世涛改变了传统英式世涛和爱尔兰世涛的风格，其中浓郁的柑橘风味和香气，与深色焙烤麦芽的苦味完美互补。

美式世涛（American Stout）

麦汁初始比重：1.060　预期最终比重：1.010　总用水量：33L

出酒量：23L	酿造时间：8周	预估酒精度（ABV）：6.2%	苦味值：39.9IBU	色度值：76.7EBC

糖化

用水量：15L　用时：1h　温度：65℃

谷物清单	用量
淡色麦芽	3kg
慕尼黑麦芽	2kg
黑麦芽	500g
中等色度水晶麦芽	500g

煮沸

麦汁总体积：27L　用时：1h 15min

酒花	用量	苦味值（IBU）	何时添加
奇努克 13.3%	28g	38.1	刚煮沸时
亚麻黄 5%	10g	1.8	煮沸结束前10min
亚麻黄 5%	50g	0.0	煮沸结束时

其他

澄清剂	1茶匙		煮沸结束前15min

发酵

温度：18℃　后熟：12℃下7周

酵母

怀特实验室WLP001：加利福尼亚爱尔酵母

牛奶世涛啤酒的传统做法是在波特啤酒中加入牛奶，以供劳动者午餐时间饮用。
这款世涛啤酒，丝滑的口感中带有一点儿巧克力和咖啡的香味。

牛奶世涛（Milk Stout）

麦汁初始比重：1.059　预期最终比重：1.018　总用水量：32.5L

出酒量：	酿造时间：	预估酒精度（ABV）：	苦味值：	色度值：
23L	5周	5.2%	25IBU	63.6EBC

糖化

用水量：13.5L　用时：1h　温度：67℃

谷物清单	用量
淡色麦芽	4.2kg
巧克力麦芽	300g
中等色度水晶麦芽	300g
烤大麦	200g
大麦片	200g
特种麦芽B	200g

煮沸

麦汁总体积：27L　用时：1h 15min

酒花	用量	苦味值（IBU）	何时添加
挑战者7%	29g	21.7	刚煮沸时
戈尔丁5.5%	11g	3.3	煮沸结束前15min

其他		
澄清剂	1茶匙	煮沸结束前15min
乳糖	300g	煮沸结束前10min

发酵

温度：20℃　后熟：12℃下4周

酵母
W酵母1318：伦敦爱尔酵母3号

酿酒小贴士

乳糖是不可发酵糖，如果你
喜欢更甜一点的啤酒，可以
再多加一些乳糖。

这款啤酒原产自英格兰，是为出口到俄国沙皇宫廷而酿造。较高的酒精度和加入的
大量酒花既起到保藏作用，又能防止啤酒结冰。

沙俄帝国世涛（Russian Imperial Stout）

麦汁初始比重： 1.080　**预期最终比重：** 1.019　**总用水量：** 35L

出酒量： 23L	酿造时间： 16周	预估酒精度（ABV）： 8.2%	苦味值： 60IBU	色度值： 76.3EBC

糖化

用水量： 20L　**用时：** 1h　**温度：** 65℃

谷物清单	用量
淡色麦芽	7kg
中等色度水晶麦芽	500g
烤大麦	200g
巧克力麦芽	150g
卡拉发特种麦芽3号	150g

煮沸

麦汁总体积： 27L　**用时：** 1h 15min

酒花	用量	苦味值（IBU）	何时添加
挑战者 7%	61g	37.9	刚煮沸时
戈尔丁5.5%	61g	22.2	最后30min

其他			
澄清剂	1茶匙		煮沸结束前15min

发酵

温度： 20℃　**后熟：** 12℃下3周

酵母

W酵母1028：伦敦爱尔酵母

麦芽浸出物酿酒法

将500g中等色度水晶麦芽、200g烤大麦、150g巧克力麦芽和150g
卡拉发特种3号麦芽加到27L水中，65℃浸泡30min。取出麦芽，加入
4.4kg固态淡色麦芽浸出物，加热至沸腾，然后按上述配方添加酒花。

这款美味的啤酒很好地融合了深色麦芽的浓郁焦香风味、微妙的香草芳香和波本威士忌的甘甜余味。啤酒提前酿制好后，需放置数月之久才能成熟。

香草波本世涛（Vanilla Bourbon Stout）

麦汁初始比重：**1.070**　预期最终比重：**1.017**　总用水量：**34L**

出酒量：	酿造时间：	预估酒精度（ABV）：	苦味值：	色度值：
23L	16周	7.8%	30.2IBU	58.6EBC

糖化

用水量：17.5L　用时：1h　温度：65℃

谷物清单	用量
淡色麦芽	4.9kg
维也纳麦芽	1.1kg
棕色麦芽	500g
巧克力麦芽	350g
中等色度水晶麦芽	200g

煮沸

麦汁总体积：27L　用时：1h 15min

酒花	用量	苦味值（IBU）	何时添加
北酿8%	35g	26.6	刚煮沸时
挑战者7%	16g	3.6	煮沸结束前10min

其他			
澄清剂	1茶匙		煮沸结束前15min

发酵

温度：20℃　后熟：12℃下15周

酵母

W酵母1028：伦敦爱尔酵母

其他	用量	何时添加
香草荚	2个	发酵4天后加入，浸泡约1周
波本威士忌	400mL	装瓶前添加

蓝莓和椰子本就是天生的一对，再加上美味怡人的焙烤麦芽和香气复杂的农家爱尔酵母，
一款真正有内涵的世涛啤酒就此诞生了。

蓝莓椰子世涛（Blueberry and Coconut Stout）

麦汁初始比重：1.071 预期最终比重：1.019 总用水量：39L

出酒量：	酿造时间：	预估酒精度（ABV）：	苦味值：	色度值：
23L	5周	7.1%	97IBU	74.3EBC

糖化

用水量：20L 用时：1h 30min 温度：65℃

谷物清单	用量	谷物清单	用量
淡色麦芽	6.5kg	卡拉法特种麦芽3号	150g
燕麦片	500g	烤大麦	150g
淡色水晶麦芽	250g	特深色水晶麦芽	100g
巧克力麦芽	250g		

煮沸

麦汁总体积：27L 用时：1h 15min

酒花	用量	苦味值（IBU）	何时添加
玛格努姆10.2%	80g	97	刚煮沸时

其他		
澄清剂	1茶匙	煮沸结束前15min
枫糖糖浆	250mL	煮沸结束时

发酵

温度：20℃ 后熟：10℃下4周

酵母

欧米伽酵母 OYL061：沃斯科威克农家爱尔酵母

其他	用量	何时添加
椰蓉	500g	发酵结束后
蓝莓酱	100g或根据口味添加	发酵结束后

酿酒小贴士

可以把椰蓉浸在啤酒里，直到获得想要的理想风味。如果喜欢，可以多加一些椰蓉，尽管我们追求的是轻微的椰子风味。

香草的甘甜、咖啡的顺滑和坚果微妙的特色香味，再与枫糖融合在一起，由此产生了美味可口的帝国世涛啤酒。如使用苏门答腊咖啡，更将获得超级顺滑的口感和水果的芳香余味。

咖啡香草枫糖帝国世涛
（Coffee, Vanilla, and Maple Imperial Stout）

麦汁初始比重：1.089　预期最终比重：1.016　总用水量：43L

出酒量：	酿造时间：	预估酒精度（ABV）：	苦味值：	色度值：
23L	5周	9.8%	12.6IBU	121EBC

糖化

用水量：24L　用时：1h 30min　温度：65℃

谷物清单	用量	谷物清单	用量
淡色麦芽	5.5kg	饼干麦芽	600g
燕麦片	1.75kg	卡拉发特种3号麦芽	200g
巧克力麦芽	800g	烤大麦	200g
深色水晶麦芽	650g		

煮沸

麦汁总体积：27L　用时：1h 15min

酒花	用量	苦味值（IBU）	何时添加
玛格努姆11.6%	10g	12.6	刚煮沸时

其他			
澄清剂	1茶匙		煮沸结束前15min
枫糖糖浆	250mL		煮沸结束时

发酵

温度：20℃　后熟：10℃下4周

酵母

W酵母1056：美式爱尔酵母

其他	用量	何时添加
香草荚	2根	发酵完成后
烤杏仁碎	300g	发酵完成后
咖啡豆（轻轻碾碎）	100g	发酵完成后

以上辅料均浸泡48h，或达到预期的特征风味后取出。

小麦啤酒（WHEAT BEERS）

小麦啤酒，又称白啤酒，曾经在中世纪的欧洲非常流行，糖化时添加大量小麦酿造而成。

酿造这种风格的啤酒时，小麦用量常占全部谷物用量的50%以上，最常配合使用的谷物是淡色麦芽。因此酿出的啤酒口感干爽、呈雾状浑浊，不过主要风味还是来自所使用的特定酵母菌株。

上面发酵酵母

小麦酵母是真正的上面发酵酵母，因为在发酵过程中所有酵母上浮到麦汁表面，所以会形成巨大的泡盖。较高的发酵温度导致产生较多的复合风味化合物和酯类物质，这对于其他风格的啤酒而言通常是缺点。诸如丁香、香料、香蕉，有时还有像泡泡糖这样的特征香味，都可以在小麦啤酒这类啤酒中找到。又比如，比利时小麦啤酒独一无二的特征性风味是通过添加苦橙皮和香料获取的。

云雾状特点

独特的发酵和侍酒技巧赋予了这种风格的啤酒一定的特点。小麦啤酒侍酒时通常要求凉爽而且含气充足，所以几乎都采用瓶中后熟工艺。侍酒时，瓶底的酵母沉淀物会轻柔地散开，从而形成了云雾状的浑浊。

由于较高的发酵温度和广为接受的风味特点，使得小麦啤酒很适合自酿。此外，这种类型的啤酒不需要长时间后熟，这也使其成为理想的速酿佳品。

德式白啤酒

德式白啤酒起源于巴伐利亚，其名字（白啤）意指这种啤酒比当地其他所有啤酒的颜色更浅。

外观：浅稻草色至深金色，泡沫丰富而持久，酒液常呈云雾状浑浊。

口感：苦味较淡，常伴有丁香、香蕉和香草的风味。

香气：淡雅的酒花香气，伴有柑橘、香蕉和丁香的香气，但不太浓郁。

酒精度（ABV）：4.3%~5.6%

现有多种风格的德式白啤酒，大部分来自德国。例如，Hefeweizen（酵母小麦啤酒），不经过滤，雾状浑浊，酒花带来的苦味较淡。与之形成对比的是Kristallweizen（水晶小麦啤酒），其经过滤，故酒液更澄清。

参见186~191页。

黑麦啤酒

糖化时使用黑麦能增添谷物的风味。在德国酿酒史上，经常用黑麦代替大麦。

外观： 淡金到深金色，常带有朦胧的橙色或红色色调，泡沫浓密而持久。

口感： 有谷物风味，伴有明显辛辣的黑麦风味，类似裸麦粗面包或黑麦面包。

香气： 淡而辛辣的黑麦香，常带有发酵产生的丁香和香蕉香味。

酒精度（ABV）： 4.5%~6%

小麦酵母在较低温度下发酵，给德式黑麦啤酒赋予香蕉和丁香的复合香气。

美式黑麦啤酒更为浓烈，并添加了大量酒花，辛辣的黑麦味与酒花带来的柑橘味以及温和的酵母香相映成趣。

参见192~193页。

比利时白啤酒

福佳（Hoegaarden）啤酒厂的皮埃尔·塞利斯（Pierre Celis）使这款历史久远、几乎失传的啤酒重新流行起来。其特点是口味辛香，酒精度适中。

外观： 非常淡的稻草色，始终呈云雾状，泡沫浓郁而持久。

口感： 清新脆爽，辛香略酸，伴有柑橘类水果的特征风味和淡淡的酒花香味和苦味。

香气： 花香迷人的酒花和辛辣的香菜籽为啤酒带来独特而微妙的香气。

酒精度（ABV）： 4.5%~5.5%

比利时小麦白啤一般都用香菜籽、橙皮和其他香料或草本植物来调味。

参见194~195页。

深色小麦啤酒

一种颜色极深的啤酒，与其他类型的小麦啤酒相比，有更复杂的麦芽特性。

外观： 琥珀至深棕色，有持久的米白色泡沫；酒体呈雾状浑浊，含气量充足。

口感： 有香蕉和丁香的味道，但以来自烤麦芽的香甜焦糖味为主。

香气： 适度的丁香和香蕉香味，并带有贵族酒花轻微的柔和花香。

酒精度（ABV）： 4.3%~5.6%

德式深色小麦啤酒，有独特的香蕉和丁香味道，并伴有焦糖麦芽的香气。使用少量欧洲贵族酒花酿制。

美式深色小麦啤酒，比德式同风格啤酒更强烈，酒花味道更浓郁，微妙的麦芽风味与柑橘酒花风味以及温和的酵母风味相辅相成。

参见196~197页。

这款烈性小麦啤酒于1907年在慕尼黑酿造而成，口感醇厚、呈深琥珀色，带有类似丁香的香料风味。侍酒时呈现持久的浅棕褐色泡沫。

小麦博克（Weizenbock）

麦汁初始比重：1.065　预期最终比重：1.016　总用水量：33.5L

出酒量： 23L	酿造时间： 4周	预估酒精度（ABV）： 6.6%	苦味值： 19.8IBU	色度值： 28.3EBC

糖化

用水量： 16L　**用时：** 1h　**温度：** 65℃

谷物清单	用量
小麦麦芽	3.6kg
慕尼黑麦芽	2.4kg
焦糖小麦麦芽	250g
巧克力小麦麦芽	120g

煮沸

麦汁总体积： 27L　**用时：** 1h 15min

酒花	用量	苦味值（IBU）	何时添加
萨兹4.2%	48g	19.8	刚煮沸时

其他			
澄清剂	1茶匙		煮沸结束前15min

发酵

温度： 24℃　**后熟：** 12℃下3周

酵母

W酵母3056：巴伐利亚德式小麦酵母

这款口味独特的巴伐利亚啤酒中，来自酵母的香蕉和泡泡糖风味占主导。侍酒时，最好一边倒酒，一边轻轻摇起酵母沉淀物，使酒液呈云雾状浑浊。

德式白啤酒（Weissbier）

麦汁初始比重：1.050　预期最终比重：1.012　总用水量：32L

出酒量：	酿造时间：	预估酒精度（ABV）：	苦味值：	色度值：
23L	4周	5%	15.3IBU	6.3EBC

糖化

用水量：12.5L　用时：1h　温度：65℃

谷物清单	用量
小麦麦芽	2.7kg
比尔森麦芽	2.3kg

煮沸

麦汁总体积：27L　用时：1h 10min

酒花	用量	苦味值（IBU）	何时添加
哈拉道赫斯布鲁克3.5%	25g	9.6	刚煮沸时
捷克萨兹4.2%	12g	5.7	刚煮沸时

其他			
澄清剂	1茶匙		煮沸结束前15min

发酵

温度：22℃　后熟：12℃下3周

酵母
W酵母3068：威亨斯特芬德式小麦酵母

麦芽浸出物酿酒法
将3kg固态淡色麦芽浸出物加到27L水中，加热至沸腾，
然后按上述配方添加酒花。

古斯啤酒起源于德国的戈斯拉尔，它融合了柠檬的酸味、海盐的咸味和药草的风味，形成了这款清爽可口的夏季啤酒。

古斯啤酒（Gose）

麦汁初始比重：1.038　预期最终比重：1.005　总用水量：29L

出酒量：	酿造时间：	预估酒精度（ABV）：	苦味值：	色度值：
23L	3周	4.2%	2.5IBU	5.8EBC

糖化

用水量：10L　用时：1h　温度：64℃

谷物清单	用量
比尔森麦芽	2.15kg
小麦麦芽	1.7kg
金色裸燕麦	250g

煮沸

麦汁总体积：27L　用时：1h 15min

酒花	用量	苦味值（IBU）	何时添加
赫斯布鲁克3.5%	5g	2.5	刚煮沸时

其他			
澄清剂	1茶匙		煮沸结束前15min
香菜籽（轻轻碾碎）	15g		煮沸结束前10min

发酵

温度：32℃　后熟：10℃下2周

酵母
欧米伽酵母OYL57：急性子（Hothead）酵母

细菌	何时添加
乳杆菌	发酵开始时

其他

	何时添加
海盐（依口味而定，从约20g开始加）	发酵结束后

这款口味清新、稍带雾状浑浊的啤酒，充满了浓郁的柑橘风味和香气，这些都是由个性鲜明的美国酒花和活力旺盛的酵母所带来的。

美式小麦啤酒（American Wheat Beer）

麦汁初始比重：1.058　预期最终比重：1.013　总用水量：33L

出酒量： 23L	酿造时间： 4周	预估酒精度（ABV）： 5.9%	苦味值： 25IBU	色度值： 9.1EBC

糖化

用水量：14.5L　用时：1h　温度：65℃

谷物清单	用量
小麦麦芽	3kg
拉格麦芽	2.5kg
焦糖比尔森麦芽	300g

煮沸

麦汁总体积：27L　用时：1h 10min

酒花	用量	苦味值（IBU）	何时添加
西楚13.8%	17g	25.0	煮沸开始后
西楚13.8%	26g	0.0	煮沸结束时

其他			
澄清剂	1茶匙		煮沸结束前15min

发酵

温度：18℃　后熟：12℃下3周

酵母
W酵母1010：美式小麦酵母

麦芽浸出物酿酒法
将300g焦糖比尔森麦芽加到27L水中，65℃浸泡30min。取出麦芽，加入3.3kg固态小麦麦芽浸出物，加热至沸腾，然后按上述配方添加酒花。

酿酒小贴士
为增加酵母发酵产生的水果风味，可以尝试在略高的温度（22℃）下发酵。

口感尖酸超爽，这是源自柏林的传统德式啤酒的一次现代尝试。这款酒的最大特点是
先接种乳杆菌，确保等上24h再接种酵母菌。

覆盆子马赛克柏林小麦酸啤
（Raspberry Mosaic Berliner Weisse）

麦汁初始比重：1.035　预期最终比重：1.007　总用水量：28.5L

出酒量：	酿造时间：	预估酒精度（ABV）：	苦味值：	色度值：
23L	3周	3.7%	0IBU	5.6EBC

糖化

用水量：9.5L　用时：1h　温度：67℃

谷物清单	用量
比尔森麦芽	2.5kg
小麦麦芽	1.25kg

煮沸

麦汁总体积：27L　用时：1h 15min

其他	用量	何时添加
澄清剂	1茶匙	煮沸结束前15min

发酵

温度：35℃　后熟：10℃下2周

细菌	用量	何时添加
怀特实验室WLP672：短乳杆菌		发酵开始时

酵母
在接种酵母前将麦醪温度降至20℃

酵母湾：西格蒙德沃斯科威克		发酵1天后
克劳森酒香酵母（*Brettanomyes claussenii*）		发酵1天后

酒花

马赛克12%	100g	发酵结束后4天，干投一周

其他

冷冻覆盆子	1kg	发酵结束后

这款不同寻常的啤酒源自巴伐利亚，融合了黑麦麦芽浓烈的辛辣风味和来自酵母的苹果、梨和香蕉的复合香味。

德式黑麦啤酒（Roggenbier）

麦汁初始比重：1.051　预期最终比重：1.013　总用水量：32L

出酒量：	酿造时间：	预估酒精度（ABV）：	苦味值：	色度值：
23L	4周	5%	14.6IBU	30.9EBC

糖化

用水量：12.25L　用时：1h　温度：65℃

谷物清单	用量
黑麦麦芽	2.9kg
慕尼黑麦芽	1.6kg
水晶小麦麦芽	300g
卡拉发特种麦芽3号	120g

煮沸

麦汁总体积：27L　用时：1h 15min

酒花	用量	苦味值（IBU）	何时添加
哈拉道赫斯布鲁克3.5%	31g	11.7	刚煮沸时
哈拉道赫斯布鲁克3.5%	15g	2.8	煮沸结束前10min
泰特南4.5%	15g	0.0	煮沸结束时

其他			
澄清剂	1茶匙		煮沸结束前15min

发酵

温度：24℃　后熟：12℃下3周

酵母

W酵母3638：巴伐利亚小麦酵母

这款啤酒口感清淡爽口，略带辛辣，来自美国酒花特有的清新柑橘风味与德国酵母带来的纯净余味相互补充。

黑麦啤酒（Rye Beer）

麦汁初始比重：1.056　预期最终比重：1.013　总用水量：32.5L

出酒量：	酿造时间：	预估酒精度（ABV）：	苦味值：	色度值：
23L	4周	5.6%	25.5IBU	9.8EBC

糖化

用水量：13.75L　用时：1h　温度：65℃

谷物清单	用量
黑麦麦芽	3kg
淡色麦芽	2.5kg

煮沸

麦汁总体积：27L　用时：1h 10min

酒花	用量	苦味值（IBU）	何时添加
奇努克13.3%	18g	25.5	刚煮沸时
亚麻黄5%	50g	0.0	煮沸结束时

其他		
澄清剂	1茶匙	煮沸结束前15min

发酵

温度：18℃　后熟：12℃下3周

酵母
W酵母2565：科隆啤酒酵母

酒花	用量	何时添加
亚麻黄5%	25g	发酵4天后加入，干投约1周

这是一款经典的比利时风格浑浊啤酒。香菜籽的香料风味与香蕉和橙子的风味交织在一起，赋予这款白啤独特的个性。

比利时白啤酒（Witbier）

麦汁初始比重：1.045　预期最终比重：1.011　总用水量：31.5L

出酒量：	酿造时间：	预估酒精度（ABV）：	苦味值：	色度值：
23L	4周	4.5%	15.3IBU	7.8EBC

糖化

用水量：11.5L　用时：1h　温度：65℃

谷物清单	用量
小麦麦芽	2.3kg
淡色麦芽	2.3kg

煮沸

麦汁总体积：27L　用时：1h 10min

酒花	用量	苦味值（IBU）	何时添加
萨兹4.2%	32g	15.3	刚煮沸时

其他			
澄清剂	茶匙		煮沸结束前15min
库拉索苦橙皮	25g		煮沸结束前15min
香菜籽（轻轻碾碎）	25g		煮沸结束前15min

发酵

温度：24℃　后熟：12℃下3周

酵母
W酵母3944：比利时小麦酵母

麦芽浸出物酿酒法
将2.7kg固态小麦麦芽浸出物加到27L水中，煮沸后按上述配方添加酒花和其他辅料。

酿酒小贴士

因为这种酵母发酵时会在液面形成很厚的泡盖，所以要确保发酵桶顶部留有足够空间。

这款令人上瘾、奶油味浓郁的德式小麦啤酒，具有复杂的麦芽特性，同时与混合酵母菌株带来的复合水果风味巧妙融合。

德式深色小麦啤酒（Dunkel Weizen）

麦汁初始比重：1.056　预期最终比重：1.014　总用水量：32.5L

出酒量：	酿造时间：	预估酒精度（ABV）：	苦味值：	色度值：
23L	4周	5.6%	15.3IBU	29.5EBC

糖化

用水量：13.5L　用时：1h　温度：65℃

谷物清单	用量
小麦麦芽	2.7kg
慕尼黑麦芽	2.3kg
焦糖慕尼黑麦芽3号	300g
特种麦芽B	300g

煮沸

麦汁总体积：27L　用时：1h 10min

酒花	用量	苦味值（IBU）	何时添加
泰特南 4.5%	32g	15.3	刚煮沸时

其他			
澄清剂	1茶匙		煮沸结束前15min

发酵

温度：22℃　后熟：12℃下3周

酵母
W酵母3056：巴伐利亚混合小麦酵母

这款充满麦芽味的深色啤酒，不像传统小麦啤酒，倒更像一款爱尔，带有明显的小麦风味和特色，但同时也不失酒花香气和柑橘风味。

深色小麦啤酒（Dark Wheat Beer）

麦汁初始比重：1.064　预期最终比重：1.015　总用水量：33.5L

出酒量：	酿造时间：	预估酒精度（ABV）：	苦味值：	色度值：
23L	6周	6.5%	44IBU	28.8EBC

糖化

用水量：16.25L　用时：1h　温度：65℃

谷物清单	用量
维也纳麦芽	3kg
小麦麦芽	2.6kg
饼干麦芽	500g
水晶小麦麦芽	300g
卡拉发特种麦芽1号	100g

煮沸

麦汁总体积：27L　用时：1h 10min

酒花	用量	苦味值（IBU）	何时添加
玛格努姆11%	40g	44.1	刚煮沸时
威廉麦特6.3%	24g	0.0	煮沸结束时

其他			
澄清剂	1茶匙		煮沸结束前15min

发酵

温度：18℃　后熟：12℃下5周

酵母

W酵母2565：科隆啤酒酵母

混酿啤酒

这一类别的啤酒不能简单地定义为拉格、爱尔或者小麦啤酒，尽管它们可能在某些品质和酿造技术方面有共同之处。

这个类别的啤酒是组合使用拉格啤酒和爱尔啤酒的酿造方法而制得的产品。例如，科隆啤酒（参见201页）的发酵像爱尔啤酒那样利用上面发酵酵母，但又经过低温条件下的后熟，产品口感像拉格啤酒一样纯净。而加州蒸汽啤酒（California Common，参见202页）则恰好相反，用的是拉格酵母，却在温度较高的爱尔啤酒发酵条件下进行发酵。

勇于创新

对于富有创新精神的自酿者来说，各种不同的药草、香料、水果、甚至蔬菜，都是再好不过的啤酒实验材料，可以将书中接下来给出的配方作为起点，从此开始建立自己独有的狂放而美妙的啤酒配方大全。只要你能找准互补风味并把握好用量，就一定能借助任何几种天然原料，酿出令人激动不已的美味佳酿。

成功三要素

■ 关于水果的添加：应在主发酵完成后加到发酵罐中，因为此时酒精的存在可降低细菌感染的几率；不要在煮沸阶段添加水果，因为蒸煮会让水果失去大部分的特色风味。

■ 关于药草和香料的添加：最好在煮沸结束之前加进去浸提几分钟，不过时间不宜太长，否则淡雅的味道和微妙的香气就会散失，取而代之的将是苦味，甚至涩味。药草和香料也可以在主发酵完成后直接加到发酵罐中。

■ 关于添加量：适量使用，过犹不及。微妙的药草、香料、水果或蔬菜特色风味，通常比过于突出的风味更令人愉悦。

淡色混酿

这类啤酒采用下面发酵的拉格酵母，但在爱尔啤酒的发酵温度下进行发酵，因此兼具酒体饱满的爱尔啤酒风味和纯净拉格啤酒的收口。

外观： 依风格而定，但常常颜色很浅、水晶般清澈，并拥有洁白持久的泡沫。

口感： 依风格而定，但通常都口味纯净，苦味轻淡，余味干爽。

香气： 香气优雅，谐调适中，有淡淡的麦芽和酒花香。

酒精度（ABV）： 3.8%~5.6%

奶油爱尔，是十分受欢迎的美式混酿啤酒，酒体轻盈、纯净，清新怡人。

科隆啤酒，采用上面发酵酵母酿造，酒体清澈，口感清淡，有酒花香。该酒名现受保护，仅限于德国科隆及其周边地区大约20家啤酒厂使用。

参见200~201页。

琥珀混酿

与淡色混酿啤酒相似，但采用焙烤麦芽酿造，因此风味更加浓郁。这类浅褐色啤酒也称为苦拉格。

外观： 浅褐至深铜色，通常酒体颜色非常通透，泡沫持久性好。

口感： 苦味和麦芽味相当重，纯净爽口。

香气： 依风格而定，一般有适中的酒花香，伴有微妙的麦芽香。

酒精度（ABV）： 4.5%~5.5%

德国北部（尤其是杜塞尔多夫）的阿尔特啤酒（Altbier）是典型的琥珀混酿啤酒。该酒名的意思是"老啤酒"，指采用传统酿造工艺制成的啤酒，即：用爱尔酵母在适合拉格啤酒生产的较低温度下发酵。

参见202~205页。

药草和香料啤酒

在尝试进行各种风味搭配时，切记只需使用少量药草和香料即可。

外观： 通常酒体清澈，颜色变化范围很广，主要跟所用原辅料的种类有关。

口感： 一般口感干爽，伴有来自药草和香料的微妙特征。

香气： 尽管药草提供主要香气，但仍会有淡雅的酒花香。

酒精度（ABV）： 4%~6%

弗拉奇（Fraoch），在盖尔语中意为"石楠花"，这是一种古老而独特的啤酒风格，在苏格兰已有数千年历史。

参见206~209页。

果蔬啤酒

水果和蔬菜具有明显的风味特征，其颜色和味道能为啤酒增添鲜明的特色。

外观： 取决于添加的水果或蔬菜种类，但常常会略带浑浊。

口感： 所添加的特定水果或蔬菜提供主导风味，不过这种风味应微妙淡雅，而且与酒花苦味相谐调。

香气： 轻淡的酒花和麦芽香，与水果或蔬菜的特色风味完美互补。

酒精度（ABV）： 4%~6%

水果小麦啤酒和樱桃兰比克，是广受欢迎的比利时风格的啤酒；桃子和覆盆子啤酒也很常见。

南瓜啤酒在美国是秋天的宠儿；添加辣椒酿出的淡色爱尔也深受大众喜爱。

参见210~215页。

这是一款经典美式爱尔啤酒，清淡爽口，在炎热的夏天饮用格外清新怡人，其微妙的柑橘香气与纯净的淡色麦芽味道达到完美的平衡。

奶油爱尔（Cream Ale）

麦汁初始比重：**1.055**　预期最终比重：**1.014**　总用水量：**32.5L**

出酒量：	酿造时间：	预估酒精度（ABV）：	苦味值：	色度值：
23L	4周	5.5%	19.8IBU	9.6EBC

糖化

用水量：13.75L　用时：1h　温度：65℃

谷物清单	用量
淡色麦芽	5kg
玉米片	500g

煮沸

麦汁总体积：27L　用时：1h 10min

酒花	用量	苦味值（IBU）	何时添加
世纪 8.5%	22g	19.8	刚煮沸时
胡德峰4.5%	33g	0	煮沸结束时

其他			
澄清剂	1茶匙		煮沸结束前15min

发酵

温度：18℃　后熟：12℃下3周

酵母

W酵母2112：加州拉格酵母

科隆啤酒是一款德国特种啤酒，采用跟爱尔啤酒一样的上面发酵工艺，但却像拉格啤酒一样在低温下进行后熟。这款酒既有淡雅的酒花风味和微妙的水果香气，又有纯净的口感特色。

科隆啤酒（Kölsch）

麦汁初始比重：1.046　预期最终比重：1.011　总用水量：31.5L

出酒量：	酿造时间：	预估酒精度（ABV）：	苦味值：	色度值：
23L	4周	4.6%	25IBU	7.2EBC

糖化

用水量：11.25L　用时：1h　温度：65℃

谷物清单	用量
比尔森麦芽	4kg
焦糖比尔森麦芽	500g

煮沸

麦汁总体积：27L　用时：1h 10min

酒花	用量	苦味值（IBU）	何时添加
斯派尔特精选 4.5%	44g	22.8	刚煮沸时
泰特南4.5%	22g	2.2	煮沸结束前5min
泰特南4.5%	44g	0.0	煮沸结束时

其他			
澄清剂	1茶匙		煮沸结束前15min

发酵

温度：18℃　后熟：12℃下3周（应有4℃贮藏至少3周的后熟工艺。——译者注）

酵母
W酵母2565：科隆啤酒酵母

麦芽浸出物酿酒法
将500g焦糖比尔森麦芽加到27L水中，65℃浸泡30min。取出麦芽，加入4.4kg固态特浅麦芽浸出物，加热至沸腾，然后按上述配方添加酒花。

这是一款美式琥珀爱尔啤酒，却有着类似拉格啤酒的干净收口，
同时还有德国北酿酒花所带来的木质香和薄荷味。

加州蒸汽啤酒（Californian Common）

麦汁初始比重：1.052　预期最终比重：1.016　总用水量：32L

出酒量： 23L	酿造时间： 6周	预估酒精度（ABV）： 4.8%	苦味值： 40.5IBU	色度值： 21.8EBC

糖化

用水量：13L　用时：1h　温度：65℃

谷物清单	用量
淡色麦芽	3.8kg
维也纳麦芽	1kg
中等色度水晶麦芽	300g
巧克力麦芽	50g

煮沸

麦汁总体积：27L　用时：1h 10min

酒花	用量	苦味值（IBU）	何时添加
北酿8%	41g	36.3	刚煮沸时
北酿8%	14g	4.2	煮沸结束前10min
北酿8%	41g	0.0	煮沸结束时

其他			
澄清剂	1茶匙		煮沸结束前15min

发酵

温度：18℃　后熟：12℃下5周

酵母

W酵母2112：加州拉格酵母

这款酒是德国阿尔特啤酒（Altbier）或称"老啤酒"的典型代表，色泽深棕，口感纯净，苦味较重，伴有焦糖麦芽的香味。

德国北方老啤酒（North German Altbier）

麦汁初始比重：1.048　预期最终比重：1.012　总用水量：32L

出酒量：	酿造时间：	预估酒精度（ABV）：	苦味值：	色度值：
23L	8周	4.8%	34.9IBU	26.5EBC

糖化

用水量：13L　用时：1h　温度：65℃

谷物清单	用量
比尔森麦芽	2kg
淡色麦芽	2kg
焦糖慕尼黑麦芽3号	500g
焦糖比尔森麦芽	300g
卡拉发特种麦芽3号	60g

煮沸

麦汁总体积：27L　用时：1h 10min

酒花	用量	苦味值（IBU）	何时添加
玛格努姆 8%	28g	34.7	刚煮沸时

其他			
澄清剂	1茶匙		煮沸结束前15min

发酵

温度：12℃　后熟：3℃下7周

酵母

W酵母1007：德式爱尔酵母

麦芽浸出物酿酒法

将500g焦糖慕尼黑麦芽3号、300g焦糖比尔森麦芽和60g卡拉发特种麦芽3号加到27L水中，65℃浸泡30min。取出麦芽，加入2.5kg固态特浅麦芽浸出物，加热至沸腾，然后按上述配方添加酒花。

杜塞尔多夫老啤酒比其他地区酿造的老啤酒更烈、更苦。虽然采用低温发酵和长时间贮藏，但产品却像柔顺、丝滑的爱尔啤酒。

杜塞尔多夫老啤酒（Düsseldorf Altbier）

麦汁初始比重：**1.053**　预期最终比重：**1.013**　总用水量：**32L**

出酒量： 23L	酿造时间： 8周	预估酒精度（ABV）： 5.3%	苦味值： 49.6IBU	色度值： 22.1EBC

糖化

用水量：13L　用时：1h　温度：65℃

谷物清单	用量
比尔森麦芽	4.8kg
浅色水晶麦芽	350g
黑麦芽	70g

煮沸

麦汁总体积：27L　用时：1h 10min

酒花	用量	苦味值（IBU）	何时添加
斯派尔特精选4.5%	93g	45.3	刚煮沸时
斯派尔特精选4.5%	46g	4.4	煮沸结束前15min
斯派尔特精选4.5%	50g	0.0	煮沸结束时

其他			
澄清剂	1茶匙		煮沸结束前15min

发酵

温度：18℃　后熟：3℃下7周

酵母

W酵母1275：泰晤士河谷爱尔酵母

麦芽浸出物酿酒法

将350g浅色水晶麦芽和70g黑麦芽加到27L水中，65℃浸泡30min。取出麦芽，加入3kg固态特浅麦芽浸出物，加热至沸腾，然后按上述配方添加酒花。

在这款非同寻常的啤酒中，各种风味令人惊奇地完美融合在一起。因为带有香料、柑橘和酒花的香气，所以非常适合与辛辣食物搭配享用。

香菜籽酸橙啤酒（Spiced Coriander and Lime Beer）

麦汁初始比重：1.050　预期最终比重：1.011　总用水量：32L

出酒量： 23L	酿造时间： 4周	预估酒精度（ABV）： 5.1%	苦味值： 37.1IBU	色度值： 9EBC

糖化

用水量：12.5L　用时：1h　温度：65℃

谷物清单	用量
淡色麦芽	4kg
焦糖比尔森麦芽	500g
小麦麦芽	500g

煮沸

麦汁总体积：27L　用时：1h 10min

酒花	用量	苦味值（IBU）	何时添加
玛格努姆16%	20g	35.4	刚煮沸时
自由4.5%	10g	1.7	煮沸结束前10min
自由4.5%	30g	0.0	煮沸结束时

其他			
澄清剂	1茶匙		煮沸结束前15min
香菜籽（轻轻碾碎）	25g		煮沸结束前10min

发酵

温度：18℃　后熟：12℃下2周

酵母

怀特实验室WLP001：加利福尼亚爱尔酵母

酒花与其他	用量	何时添加
斯蒂里亚戈尔丁（博贝克）	50g	发酵4天后加入，浸泡约1周
干香茅草（粉碎）	4根	同上
干卡菲尔酸橙叶	5g	同上
鲜姜（碎末）	50g	同上

这款酒在传统酿造时只用云杉枝和糖蜜，下面的现代工艺继续保留了云杉的树脂特色风味，但酿出的啤酒口感更加圆润。

云杉啤酒（Spruce Beer）

麦汁初始比重：1.051　预期最终比重：1.014　总用水量：32L

出酒量：23L	酿造时间：6周	预估酒精度（ABV）：4.8%	苦味值：25IBU	色度值：15.5EBC

糖化

用水量：12.75L　用时：1h　温度：65℃

谷物清单	用量
淡色麦芽	4.4kg
焦糖麦芽	500g
水晶小麦麦芽	200g

煮沸

麦汁总体积：27L　用时：1h 10min

酒花	用量	苦味值（IBU）	何时添加
玛格努姆16%	14g	25.0	刚煮沸时
玛格努姆16%	7g	0.0	煮沸结束时

其他			
云杉枝	150g		刚煮沸时
澄清剂	1茶匙		煮沸结束前15min

发酵

温度：18℃　后熟：12℃下4周

酵母
怀特实验室WLP013：伦敦爱尔酵母

酒花	用量	何时添加
阿波罗19.5%	50g	发酵4天后加入，浸泡约1周

这款云雾状浑浊的香料啤酒很像比利时小麦啤酒，但收口更干，且有蜂蜜余味。
丁香味、橙子味和香菜籽的辛香风味使其成为独一无二的清爽饮品。

蜂蜜香料啤酒（Spiced Honey Beer）

麦汁初始比重：1.051　预期最终比重：1.009　总用水量：32L

出酒量：	酿造时间：	预估酒精度（ABV）：	苦味值：	色度值：
23L	4周	5.6%	11.6IBU	9.1EBC

糖化

用水量：11L　用时：1h　温度：65℃

谷物清单	用量
淡色麦芽	4.4kg

煮沸

麦汁总体积：27L　用时：1h 10min

酒花	用量	苦味值（IBU）	何时添加
哈拉道赫斯布鲁克4.1%	22g	10.6	刚煮沸时
哈拉道赫斯布鲁克4.1%	5g	0.9	煮沸结束前5min
哈拉道赫斯布鲁克4.1%	6g	0.1	煮沸最后1min

其他			
澄清剂	1茶匙		煮沸结束前15min
香菜籽（压碎）	38g		煮沸结束前10min
库拉索苦橙皮	16g		煮沸结束前10min
蜂蜜	500g		煮沸结束前10min

发酵

温度：24℃　后熟：12℃下3周

酵母
W酵母3068：威亨斯特芬德式小麦酵母

麦芽浸出物酿酒法
将2.7kg固态特浅麦芽浸出物加到27L水中，煮沸后按上
述配方添加酒花。

这款啤酒其实不像传统生姜啤酒，而更像是加了姜汁的爱尔啤酒。其鲜明的辛辣特色风味与银河酒花的优质柑橘风味相得益彰。

生姜啤酒（Ginger Beer）

麦汁初始比重：1.045　预期最终比重：1.011　总用水量：32.5L

出酒量：	酿造时间：	预估酒精度（ABV）：	苦味值：	色度值：
23L	4周	4.5%	25.1IBU	6.3EBC

糖化

用水量：13.75L　用时：1h　温度：65℃

谷物清单	用量
拉格麦芽	3.5kg
玉米片	1kg

煮沸

麦汁总体积：27L　用时：1h 10min

酒花	用量	苦味值（IBU）	何时添加
银河14.4%	14g	22.9	刚煮沸时
银河14.4%	7g	2.1	煮沸结束前5min
银河14.4%	20g	0.0	煮沸结束时

其他			
澄清剂	1茶匙		煮沸结束前15min
现磨生姜末	150g		煮沸结束前5min

发酵

温度：18℃　后熟：12℃下3周

酵母
W酵母1028：伦敦爱尔酵母

酿酒小贴士

为了给啤酒带来真正猛烈似火的风味，可以在煮沸时加入更多新鲜姜末（最多300g）。

在发酵过程中加入覆盆子，会使这款比利时风格的小麦啤酒变得令人难以抗拒！
就算是啤酒的"黑粉"也无法拒绝这美妙的夏季佳酿。

覆盆子小麦啤酒（Raspberry Wheat Beer）

麦汁初始比重：1.050　预期最终比重：1.012　总用水量：32L

出酒量：	酿造时间：	预估酒精度（ABV）：	苦味值：	色度值：
23L	4周	5.1%	15.3IBU	7.2EBC

糖化

用水量：12.5L　用时：1h　温度：65℃

谷物清单	用量
拉格麦芽	2.7kg
小麦麦芽	2.3kg

煮沸

麦汁总体积：27L　用时：1h 10min

酒花	用量	苦味值（IBU）	何时添加
挑战者7%	20g	15.0	刚煮沸时

其他			
澄清剂	1茶匙		煮沸结束前15min

发酵

温度：22℃　后熟：12℃下2周

酵母
W酵母1010：美式小麦酵母

其他	用量		何时添加
覆盆子	2.5kg		发酵2天后，浸泡约1周

麦芽浸出物酿酒法
将3kg固态淡色麦芽浸出物加到27L水中，煮沸后按上述配方添加酒花及其他辅料。

酿酒小贴士

如果你喜欢，可以用冷冻覆盆子代替覆盆子鲜果，同样好用，但通常更便宜。

这款美味可口、清新怡人的夏季啤酒，因为新鲜水果的加入更增添了微妙又干爽的草莓风味，不过跟你想象的可能不太一样，这款酒既不甜，也没有很浓郁的风味。

草莓啤酒（Strawberry Beer）

麦汁初始比重：1.044　预期最终比重：1.010　总用水量：33L

出酒量： 23L	酿造时间： 4周	预估酒精度（ABV）： 4.4%	苦味值： 18.4IBU	色度值： 8EBC

糖化

用水量：14.5L　用时：1h　温度：65℃

谷物清单	用量
拉格麦芽	3.4kg
慕尼黑麦芽	750g
烘干小麦	250g

煮沸

麦汁总体积：27L　用时：1h 10min

酒花	用量	苦味值（IBU）	何时添加
挑战者7%	20g	16.2	刚煮沸时
斯蒂里亚戈尔丁西莉亚5.5%	10g	2.2	煮沸结束前10min
斯蒂里亚戈尔丁西莉亚5.5%	30g	0.0	煮沸结束时

其他			
澄清剂	1茶匙		煮沸结束前15min

发酵

温度：18℃　后熟：12℃下2周

酵母
怀特实验室WLP001：加利福尼亚爱尔酵母

其他	用量	何时添加
草莓	3.5kg	发酵4天后加入，浸泡大约1周

狝猴桃为这款新西兰风格的小麦啤酒带来柑橘香气，使其发生了显著转变，
其复杂的水果风味不同寻常，不过还能令人满意。

狝猴桃小麦啤酒（Kiwi Wheat Beer）

麦汁初始比重：1.055　预期最终比重：1.013　总用水量：32.5L

出酒量：	酿造时间：	预估酒精度（ABV）：	苦味值：	色度值：
23L	6周	5.5%	22.4IBU	7.7EBC

糖化

用水量：13.75L　用时：1h　温度：65℃

谷物清单	用量
拉格麦芽	3kg
小麦麦芽	2.5kg

煮沸

麦汁总体积：27L　用时：1h 10min

酒花	用量	苦味值（IBU）	何时添加
挑战者7%	30g	22.4	刚煮沸时
斯蒂里亚戈尔丁西莉亚5.5%	20g	0.0	煮沸结束时

其他			
澄清剂	1茶匙		煮沸结束前15min
香菜籽（碾碎）	25g		煮沸结束前15min

发酵

温度：22℃　后熟：12℃下4周

酵母
怀特实验室WLP729：蜂蜜甜酒酵母

其他	用量	何时添加
狝猴桃（去皮后切碎）	1.5kg	发酵4天后加入，浸泡约1周

麦芽浸出物酿酒法
将2.8kg固态淡色麦芽浸出物加到27L水中，煮沸后按上
述配方添加酒花和其他辅料。

在殖民时期的美国，这款啤酒是作为传统麦芽啤酒的廉价替代品酿造的（当时美洲还没有广泛种植大麦，南瓜是当地最廉价的酿酒原料。——译者注）。这款节令性啤酒通过巧妙地使用香料，使其鲜明的南瓜特色风味更加完美。

南瓜爱尔（Pumpkin Ale）

麦汁初始比重：1.050　预期最终比重：1.012　总用水量：32L

出酒量： 23L	酿造时间： 6周	预估酒精度（ABV）： 5.2%	苦味值： 22.8IBU	色度值： 15.7EBC

糖化

用水量：12.5L　用时：1h　温度：65℃

谷物清单	用量
淡色麦芽	3.4kg
慕尼黑麦芽	1kg
小麦麦芽	500g
特种麦芽B	100g

1个大南瓜（约10kg重），烤制1h后切成小方块，加入糖化谷物中。

煮沸

麦汁总体积：27L　用时：1h 10min

酒花	用量	苦味值（IBU）	何时添加
玛格努姆16%	12g	21.8	刚煮沸时
哈拉道中早熟5%	9g	1.0	煮沸结束前5min

其他	用量		何时添加
澄清剂	1茶匙		煮沸结束前15min
桂皮	1根		煮沸结束前5min
生姜末	1/2茶匙		煮沸结束前5min
香草荚	2cm长		煮沸结束前5min
整棵丁香（压碎）	2棵		煮沸结束前5min

发酵

温度：18℃　后熟：12℃下5周

酵母

怀特实验室WLP001：加利福尼亚爱尔酵母

在啤酒花用于酿酒之前，人们曾用荨麻来给啤酒调味。这款啤酒做到了两全其美：既有来自荨麻带有泥土气息的辛辣风味，又有来自酒花带有迷人花香的柑橘风味。

荨麻啤酒（Nettle Beer）

麦汁初始比重： 1.041　　**预期最终比重：** 1.010　　**总用水量：** 31L

出酒量：	酿造时间：	预估酒精度（ABV）：	苦味值：	色度值：
23L	4周	4%	25IBU	9.3EBC

糖化

用水量： 10L　　**用时：** 1h　　**温度：** 65℃

谷物清单	用量
淡色麦芽	3kg
慕尼黑麦芽	1kg

煮沸

麦汁总体积： 27L　　**用时：** 1h 10min

酒花	用量	苦味值（IBU）	何时添加
法格尔16%	38g	20.1	刚煮沸时
威廉麦特5%	19g	4.9	煮沸结束前10min
斯蒂里亚戈尔丁西莉亚5.5%	19g	0.0	煮沸结束时

其他

新鲜荨麻嫩叶	100g		刚煮沸时
澄清剂	1茶匙		煮沸结束前15min

发酵

温度： 18℃　　**后熟：** 12℃下3周

酵母

W酵母1275：泰晤士河谷爱尔酵母

创造自有配方

　　每个人都想酿出属于自己的、独一无二的啤酒，这可能是很多人踏上啤酒自酿之旅的最初动机之一。万事开头难，因此请遵循下面的简单指南，参考配方示例，这样一定能让你"旅途"顺利。

如何设计酿酒配方？

　　制作自有啤酒配方的基本步骤如下：

1. 选定啤酒风格

　　尽管从零开始尝试创造"爆款酒"的想法很诱人，但在酿造最初几批酒的时候，最好还是坚持选择已经被别人尝试和验证过的风格，同时别忘了加入自己的创意。但要注意，过早、过大的野心可能会导致灾难性的后果。

2. 查阅风格指南

　　在网上的《啤酒评审认证协会（BJCP）风格指南》里，能找到对每一种啤酒风格的描述。其中提供了设计麦汁比重、啤酒苦味值和色度值的大概范围（详见下文），还针对实现上面的设定目标可选用哪些原料提出了意见，例如，该选用淡色麦芽还是深色麦芽，等等。

3. 利用酿酒软件计算酿造参数

　　酿造时每种原料该用多少主要取决于以下3个参数：比重（初始比重和最终比重）、苦味值和色度值。不过，除原料外，酿造过程也会部分影响上述每个参数的最终值。要保证配方中的相关计算正确无误，最好的方式是使用酿酒软件（参见219页）。

比重

　　有两个比重需要测量：初始比重（OG）和最终比重（FG）；根据这两个比重数值之差可确定酒精浓度（或酒精体积分数/ABV，参见63页）。初始比重比较容易估算，因为它反映的是制作啤酒的数量和配方中可发酵物（谷物、麦芽提取物和糖）的数量。参见22~25页可获取更多关于麦芽、辅料和糖的信息。

　　预测最终比重要复杂一些。首先，需要了解谷物种类、糖化温度、pH以及料水比如何影响麦汁中糖的类型以及麦汁的发酵潜力；然后需要考虑发酵过程本身，比如：发酵温度、酵母菌株和接种量以及起始充氧情况等都会产生影响。

　　啤酒的最终比重决定啤酒的口感及收口更甜还是更干。最终比重越低，啤酒的甜味就越淡。但是，如果最终比重过低，尤其是在酒精度较低的情况下，啤酒可能会寡淡无味。

苦味

　　用IBU（国际苦度单位）表示。啤酒的苦味来自添加的酒花，苦味大小取决于酒花的α酸含量和煮沸时间长短。苦味能平衡啤酒中的酒精味和甜味。需要注意的是，在麦汁煮沸之后添加的任何酒花只会对啤酒的风味和香气产生影响，但对苦味影响很小。更多酒花信息参见26~29页。

色度

　　颜色可用EBC（欧洲酿酒协会）色度值、SRM（标准参考方法）色度值或罗维朋（Lovibond）色度值来衡量。啤酒的颜色主要取决于糖化时使用的谷物种类。使用的谷物颜色越深，啤酒的颜色越深，其EBC色度值越高。选择使用哪种谷物还会影响啤酒的风味和最终比重（某些麦芽含有更复杂的糖类物质，酵母难以利用转化）。关于不同原料如何影响颜色的更多信息参见24~25页。

4. 开始酿造！

　　设定好了所有参数，也用酿酒软件计算出了与设定值一致的酒精度、色度和苦味值，可以说已是万事俱备，那就上路吧！

配方示例——热带世涛

下面这个示例帮你了解如何从BJCP指南到获得最终配方。BJCP指南中对热带世涛的描述如下：甜味、水果味与烘烤风味并存，口感适中，颜色较深，泡沫持久。特色原料包括深色和淡色麦芽、苦味酒花和能在较高温度下发酵的拉格酵母。下面配方中的原料就是基于以上描述选定的。

这是一款甜口、果味适中、酒精度中等的深色爱尔啤酒，
有顺滑的烘烤风味，但没有焦煳的粗糙感。

热带世涛

麦汁初始比重：1.063　预期最终比重：1.014　总用水量：33.5L

出酒量：	酿造时间：	预估酒精度（ABV）：	苦味值：	色度值：
23L	5周	5.7%	31.5IBU	75.6EBC

糖化

用水量：15L　用时：1h　温度：68℃

谷物清单	用量
淡色麦芽	4kg
燕麦片	1kg
巧克力麦芽	400g
特种麦芽B	500g
卡拉发特种3号麦芽	150g

煮沸

麦汁总体积：27L　用时：1h 15min

酒花	用量	苦味值（IBU）	何时添加
玛格努姆11.6%	20g	29.3	刚煮沸
威廉麦特4.5%	20g	2.7	煮沸结束前10min

其他			
澄清剂	1茶匙		煮沸结束前15min

发酵

温度：20℃　后熟：10℃下4周

酵母
怀特实验室WLP800：比尔森拉格酵母

BJCP指南中对热带世涛的**描述**

BJCP建议麦汁**初始比重**范围为1.056~1.075
建议的**最终比重**范围为1.010~1.018
总用水量是整个酿酒批次所需水的总量

BJCP建议的**ABV**范围是5.5%~8.0%
苦味：30~50IBU
色度：39~79EBC

用水量是指麦芽糖化所需的水量，其计算方法是将麦芽的总用量乘以2.5
1h的**糖化时间**是标准时长
糖化温度略高可获得更甜的收口

淡色麦芽在许多配方中都作为基础麦芽
燕麦片可增加口感和泡沫持久性
巧克力麦芽可增添颜色和巧克力特色风味
特种麦芽B可提供甜味和深色水果风味
特种焦糖麦芽3号可提供烘烤风味，但没有焦煳的粗糙感

总麦汁体积是指糖化和洗槽后煮沸锅中的总麦汁量
1h15min的**煮沸时间**是标准煮沸时间

玛格努姆酒花用于增加苦味
威廉麦特酒花能增强啤酒的水果风味，却没有太多酒花特征

澄清剂有助于啤酒澄清（参见61页）

后熟温度高于典型的拉格酵母所需温度

选用的**酵母**是BJCP指定的高温发酵拉格酵母

实用信息

一、常见问题（FAQ）

1. 如何提高酒精度?

答案很简单：添加更多的糖。在发酵过程中，酵母将发酵额外添加的糖并产生额外的酒精。最好使用固态麦芽浸出物（DME）作为糖分来源，因为它在产生额外酒精的同时不会增加啤酒的甜度。需要谨记的是酵母只能有效地发酵一定量的DME或糖，因此对于23L的出酒量，请遵循以下准则：

- 500g DME能使ABV增加约0.5%
- 1kg DME能使ABV增加约1%
- 500g红糖能使ABV增加约0.9%
- 500g枫糖能使ABV增加约0.7%
- 1kg蜂蜜能使ABV增加约0.7%

2. 为什么麦汁初始比重（OG）会比预期的要低?

造成这种情况的原因可能有3个：

- 对于采用自酿盒或麦芽浸出物配方来说，可能是添加的水太多了；对于采用全麦芽配方来说，初始比重低表明糖化效率低。
- 对于采用自酿盒或麦芽浸出物配方来说，加水后可能没有搅拌均匀，糖分都留在发酵罐底部，导致上面的麦汁比重较低。
- 读取比重数值时，发酵前的麦汁可能温度偏低或者偏高。液体比重计是在麦汁处于设定温度（通常为20℃）时进行的校准，因此，如果麦汁的温度低于或高于此温度（20℃），结果就会不准确。

3. 我酿的啤酒能保存多久?

只要你酿好的啤酒在装瓶或装桶后不被氧化，就可以保存几个月。事实上，很多风格的啤酒经长时间贮存老化以后品质还更好。

4. 怎么知道啤酒是否已经开始发酵?

通常在酵母接种后24h内，麦汁表面会形成浓密的泡沫。这是完全正常的现象，实际上，这些泡沫在发酵过程中对啤酒起到了保护作用。检查发酵进程的最好办法是用比重计读取麦汁的比重，看是否低于初始比重。如果48h后发酵仍未启动，则检查发酵温度对不对，如有必要，及时进行调整。如果发酵温度没有问题，那就需要添加更多的酵母。

5. 啤酒为什么没气?

啤酒没气要么是因为装瓶或装桶前添加的二发糖太少，要么是因为贮存温度不合适导致二发糖没能发酵。如果啤酒是用酒桶贮存的，可以尝试往桶里加充二氧化碳；如果啤酒仍然没气，请仔细检查桶盖周围是否漏气。

二、单位换算表

1. 体积
本书配方中的数值取近似值：

23L / 40品脱（英制）/ 48品脱（美制）

5加仑（英制）/ 6加仑（美制）

转换规则：

L（升）转换为液盎司（英制）：	乘以35.195
L（升）转换为杯（美制）：	乘以4.227
L（升）转换为品脱（英制）：	乘以1.76
L（升）转换为品脱（美制）：	乘以2.11
L（升）转换为加仑（英制）：	乘以0.22
L（升）转换为加仑（美制）：	乘以0.26

（若要进行相反的转换，请除以上述的数字）

2. 质量
转换规则：

g（克）转换为盎司：	乘以0.035
kg（千克）转换为磅：	乘以2.205

（若要进行相反的转换，请除以上述的数字）

3. 温度
转换规则：

℃转换为℉：	乘以1.8后加32
℉转换为℃：	减去32后除以1.8

三、网上论坛
www.jimsbeerkit.co.uk
人气很旺的英国自酿论坛，有很多优质资源和好的建议。

www.brewuk.co.uk/forums
非常友好的英国酿造论坛，尤其适合初学者。

www.homebrewtalk.com
友好的美国自酿论坛，广受欢迎。

www.aussiehomebrewer.com
澳大利亚最大的自酿论坛。

四、实用网站
www.bjcp.org
啤酒评审认证协会官网，提供每种不同风格的啤酒指南。

www.mrmalty.com
提供有用的酿造资源，在进行酵母替代和酵母种子液计算方面尤其有用。

www.brewersfriend.com
提供在线计算器、电子表格和配方生成器等有用资源的网站。

www.beersmith.com
包含可供下载的软件及大量其他酿酒信息。

www.beeralchemyapp.com
提供可下载的应用程序，据此可创建酿酒配方并实时跟踪原辅料订单。

www.beerlabelizer.com
提供一系列设计模板，帮助定制个性化的酒标。

五、酿酒软件
BeerSmith
Beer Alchemy

索引

索引

221

Original Title: **Home Brew Beer: Master the Art of Brewing Your Own Beer**

Copyright © Dorling Kindersley Limited, 2013, 2019

A Penguin Random House Company

图书在版编目（CIP）数据

自酿啤酒入门指南：修订版／（英）格雷格·休斯
著；马长伟，郎新旭，游蕴竹译. —北京：中国
轻工业出版社，2020.10
ISBN 978-7-5184-3040-6

Ⅰ. ①自… Ⅱ. ①格… ②马… ③郎… ④游…
Ⅲ. ①啤酒酿造—指南 Ⅳ. ①TS262.5-62

中国版本图书馆CIP数据核字（2020）第102635号

责任编辑：江　娟
策划编辑：江　娟　靳雅帅　　责任终审：李建华
封面设计：奇文云海　　　　　　版式设计：锋尚设计
责任校对：朱燕春　　　　　　　责任监印：张　可

出版发行：中国轻工业出版社
　　　　　（北京东长安街6号，邮编：100740）
印　　刷：鸿博昊天科技有限公司
经　　销：各地新华书店
版　　次：2020年10月第2版第1次印刷
开　　本：889×1194　1/16　印张：14
字　　数：130千字
书　　号：ISBN 978-7-5184-3040-6
定　　价：98.00元
邮购电话：010-65241695
发行电话：010-85119835　传真：85113293
网　　址：http://www.chlip.com.cn
Email：club@chlip.com.cn
如发现图书残缺请与我社邮购联系调换
191049S1X101ZYW

For the curious
www.dk.com

作者简介

格雷格·休斯（Greg Hughes）是一位具有丰富实践经验的自酿啤酒大师和自酿行业的领军人物，也是英国最大的自酿产品网上零售和社区网站BrewUK的创始人和共同所有者之一。他还经营着自己的手工啤酒坊——深色革命（Dark Revolution）。多年来，他联合英国知名商业啤酒生产商，组织全国性酿酒竞赛，致力于鼓励各层级自酿者改善工艺、开发新产品。格雷格在自酿啤酒各领域均拥有成功经验，尤其擅长酿造各种风格的爱尔啤酒。

致谢

关于2019版

DK出版公司致谢：感谢唐伟（音译）（Wei Tang）制订本书架构；感谢科里内·马西奥奇（Corine Masciocchi）完成文字校对；感谢玛丽·洛里默（Marie Lorimer）制作索引。

关于2013版

作者致谢：非常感谢我的妻子塔尼亚（Tanya）和孩子里科（Rico）跟梅西（Macy）。如果没有他们的支持，我不可能花大量时间在车库里开发啤酒，这本书可能就不会面世。

DK出版公司致谢：感谢长狗（Longdog）啤酒厂的菲尔·罗宾斯（Phil Robins）核对配方；感谢托尼布·里斯科（Tony Briscoe）和杨·奥利里（Ian O'Leary）拍摄照片；感谢唐伟（音译）（Wei Tang）制订图书架构；感谢凯特·芬顿（Kate Fenton）协助图书设计；感谢克里斯·穆尼（Chris Mooney）和伊丽莎白·克林顿（Elisabeth Clinton）协助编辑工作。

感谢Dorling Kindersley: Liz & Max Haarala Hamliton为本书中文版封面提供图片。

所有图片版权归Dorling Kindersley所有。

登录www.dkimages.com可以获取更多信息。

> **警告：**当你按照本书的操作说明进行酿造时，特别是在煮沸和转移大量液体时，应当格外小心。对因此发生的意外，出版方不承担相关责任。